技工院校一体化课程教学改革机床切削加工专业教材

组合件加工与装配
（铣工）

人力资源和社会保障部教材办公室组织编写

中国劳动社会保障出版社

内容简介

本书主要内容包括平口钳的加工准备，钳体的铣削，固定钳口的铣削，固定钳口铁的铣削，活动钳身的铣削，活动钳口铁的铣削，丝杠、螺母的铣削，支承板的铣削，平口钳的装配9个学习任务。

图书在版编目(CIP)数据

组合件加工与装配：铣工/人力资源和社会保障部教材办公室组织编写. —北京：中国劳动社会保障出版社，2014

技工院校一体化课程教学改革机床切削加工专业教材

ISBN 978-7-5167-0829-3

Ⅰ.①组… Ⅱ.①人… Ⅲ.①铣削-技工学校-教材 Ⅳ.①TG54

中国版本图书馆CIP数据核字(2014)第038030号

中国劳动社会保障出版社出版发行

（北京市惠新东街1号 邮政编码：100029）

*

北京市艺辉印刷有限公司印刷装订 新华书店经销

787毫米×1092毫米 16开本 11.25印张 200千字

2014年3月第1版 2014年3月第1次印刷

定价：23.00元

读者服务部电话：（010）64929211/64921644/84643933

发行部电话：（010）64961894

出版社网址：http://www.class.com.cn

技工院校一体化课程教学改革教材编委会名单

序

人才是我国经济社会发展的第一资源，技能人才是人才队伍的重要组成部分。党中央、国务院高度重视技能人才队伍建设工作，2009 年 12 月，胡锦涛总书记在视察珠海市高级技工学校时指出："没有一流的技工，就没有一流的产品"、"技能型人才在推进自主创新方面具有不可替代的重要作用"。技工院校是系统培养技能人才的重要基地。多年来，技工院校始终紧紧围绕国家经济发展和劳动者就业，以满足经济发展和企业对技术工人的需求为办学宗旨，形成了鲜明的办学特色，为国家培养了大批生产一线技能劳动者和后备高技能人才。

当前，我国处于全面建设小康社会的关键时期，随着加快转变经济发展方式、推进经济结构调整以及大力发展高端制造产业等新兴战略性产业，迫切需要加快培养一大批具有精湛技能和高超技艺的技能人才。为了遵循技能人才成长规律，切实提高培养质量，进一步发挥技工院校在技能人才培养中的基础作用，从 2009 年开始，我部借鉴国内外职业教育先进经验，在全国 17 个省（区、市）的 30 所技工院校启动了一体化课程教学改革试点工作，推进以职业活动为导向，以校企合作为基础，以综合职业能力培养为核心，理论教学与技能操作融合贯通的一体化课程教学改革。这项改革试点将传统的以学历为基础的职业教育转变为以职业技能为基础的职业能力教育，促进了职业教育从知识教育向能力培养转变，努力实现"教、学、做"融为一体，收到了积极成效。改革试点得到了学校师生的充分认可，普遍反映一体化课程教学改革是技工院校一次"教学革命"，学生的学习热情、教学组织形式、教学手段和学生的综合素质都发生了根本性变化。试点的成果表明，一体化课程教学改革是转变技能人才培养模式的重要抓手，是推动技工院校改革发展的重要举措，也是人力资源社会保障部门加强技工教育和在职业培训工作的一个重点项目。

教学改革的成果最终要以教材为载体进行体现和传播。根据我部推进一体化课程教学改革的要求，一体化课程改革专家、几百位试点院校的骨干教师以及中国人力资源和社会保障出版集团的编辑团队，用了三年多的时间，组织实施了一体化课程教学改革试点，并将试点中形成的课程成果进行了整理、提炼，汇编成“活页”教材。这套教材不仅在形式上打破了传统教材的编写模式，而且在内容上突破了传统教材的结构体例，在国内职业教育培训教材领域中均属首创。这套教材及配套资料的出版，不仅是本次一体化课程教学改革试点工作的阶段性总结，也是一体化课程教学改革不断深化和全面推广的一个起点。希望全国技工院校将一体化课程教学改革作为创新人才培养模式、提高人才培养质量的重要抓手，进一步推动教学改革，促进内涵发展，提升办学质量，为加快培养合格的技能人才作出新的更大贡献！

人力资源和社会保障部副部长

王晓初

二〇一二年八月

活页式教材使用说明

◆页码编排方式

为了更加方便地在教材中增删和替换内容，页码采用“学习任务编号－学习活动编号－页码号”三级编排形式，如“3–2–4”表示“学习任务三”的“学习活动 2”的第 4 页。

◆过程评价表使用方法

教材中设计了“自评表”、“互评表”、“教师总评表”、“综合评价表”等评价表格，表头上有“班级”、“姓名”、“学号”等信息栏，从活页教材中取出评价表填写后可以单独提交。

◆教材内容更新方法

中国人力资源和社会保障出版集团将根据一体化课程教学改革的推进以及科学技术的发展和不同地域的需要，不断补充和更新教材中的学习任务和学习活动，学校可以从“技工院校一体化教学资源网（http：//yth.cott.org.cn）”下载（需在网站注册）。通过网站还可以了解到更多的一体化课程教学改革信息和下载相关资源。

◆便携式活页夹和 PVC 保护板使用方法

使用教材中附赠的便携式活页夹，可以灵活方便地将教材中部分内容携带至一体化教学场地。教材内附的整张 PVC 保护板可以作为学习记录垫板使用。

◆参考用书选用方法

在学习过程中，学生需要查阅大量参考资料，下表为中国人力资源和社会保障出版集团出版的适宜本专业一体化教学使用的参考书目录。

机床切削加工／数控加工专业一体化教学参考书目录（中级阶段）

序号	书号	书名
1	978-7-5045-9709-0	机械制图（少学时）（双色印刷）
2	978-7-5045-9690-1	机械基础（少学时）（双色印刷）
3	978-7-5045-9677-2	金属材料与热处理（少学时）（双色印刷）
4	978-7-5045-9717-5	极限配合与技术测量基础（少学时）（双色印刷）
5	978-7-5045-9689-5	机械制造工艺基础（少学时）（双色印刷）
6	978-7-5045-9713-7	工程力学（少学时）（双色印刷）
7	978-7-5045-9668-0	电工学（少学时）（双色印刷）
8	978-7-5045-8689-6	车工工艺与技能 学生用书Ⅱ 基础知识
9	978-7-5045-9159-3	铣工工艺与技能 学生用书Ⅱ 基础知识
10	978-7-5045-9128-9	数控加工工艺学（第三版）
11	978-7-5045-9097-8	数控机床编程与操作（第三版 数控车床分册）
12	978-7-5045-9112-8	数控机床编程与操作（第三版 数控铣床 加工中心分册）

目　　录

学习任务一　平口钳的加工准备

学习目标

1. 能正确阅读生产任务单，明确加工任务。

2. 能识读平口钳装配图，明确平口钳各部件的名称和装配关系。

3. 能识别并正确列出平口钳标准件的参数信息。

4. 能列出加工平口钳用到的设备和加工方法。

5. 能制定平口钳的加工计划。

6. 能主动获取有效信息，展示工作成果，对学习与工作进行反思总结，并能与他人开展良好合作，进行有效的沟通。

建议学时

8 学时

工作情境描述

某企业定制 30 台平口钳，装配图、零件图和材料由该企业提供，业务部门将该任务交予我车间完成，要求交货期为 30 天。现车间安排我铣工组完成此加工任务。

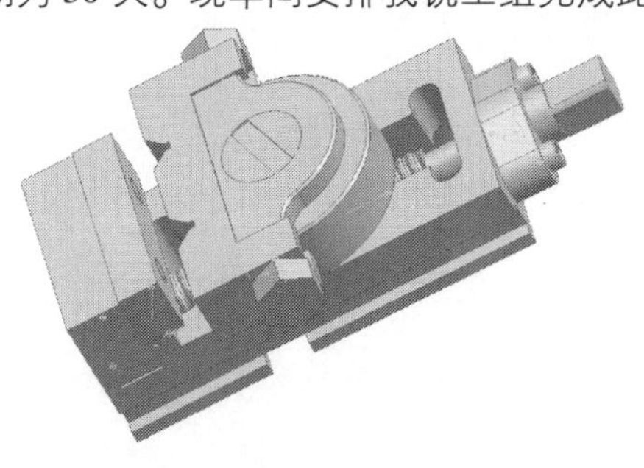

工作流程与活动

1. 领取工作任务，明确加工内容
2. 制定平口钳的加工计划
3. 总结评价

学习活动 1　领取工作任务，明确加工内容

学习目标

1. 能正确阅读生产任务单，明确加工任务。

2. 能识读平口钳装配图，明确平口钳各部件的名称和装配关系。

建议学时　2 学时

学习过程

领取平口钳的生产任务单、装配图，明确本次任务的内容。

一、阅读生产任务单

生产任务单

需方单位名称				完成日期	年　月　日	
序号	产品名称	材料	数量	技术标准、质量要求		
1	平口钳	45 钢	30 台	按图样要求		
2						
3						
4						
生产批准时间		年　月　日	批准人			
通知任务时间		年　月　日	发单人			
接单时间		年　月　日	接单人		生产班组	铣工组

1. 写出下图中平口钳各部件的名称。

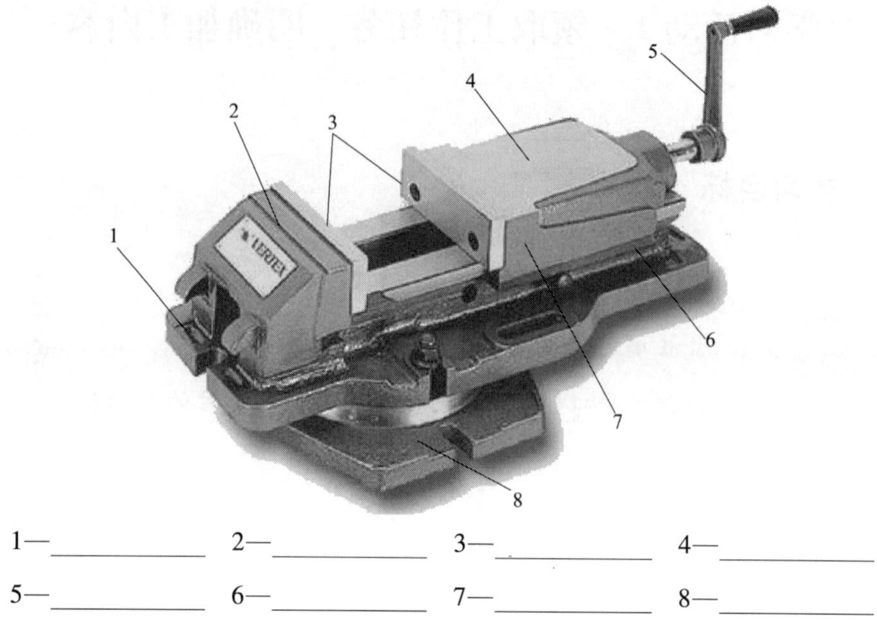

1—__________ 2—__________ 3—__________ 4—__________

5—__________ 6—__________ 7—__________ 8—__________

2. 你在生产中还见过哪些不同形式的平口钳？试列举几种。

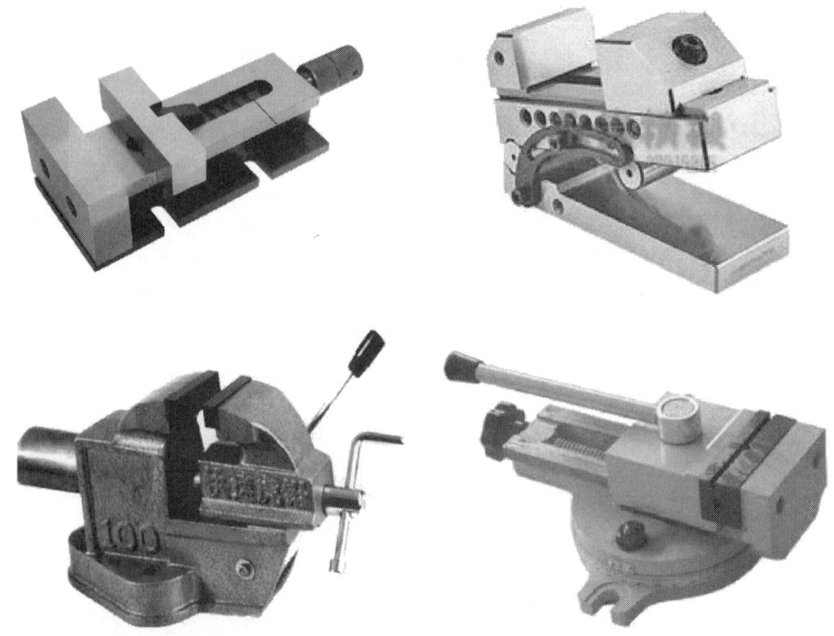

二、识读装配图

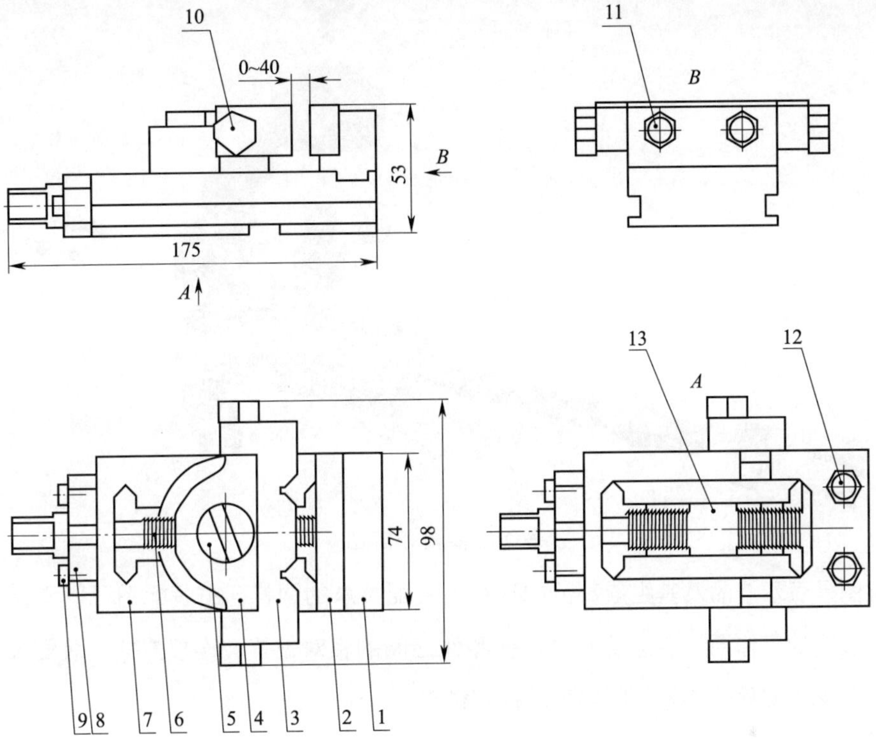

平口钳装配的技术要求

1. 组装后的平口钳固定钳口与钳体的垂直度≤0.05mm。
2. 组装后的平口钳钳体与活动钳身的移动间隙≤0.06mm。
3. 组装后的平口钳在夹紧工件时，活动钳身上翘间隙（与钳体）≤0.10mm。
4. 丝杠与螺母转动灵活，无阻滞现象。

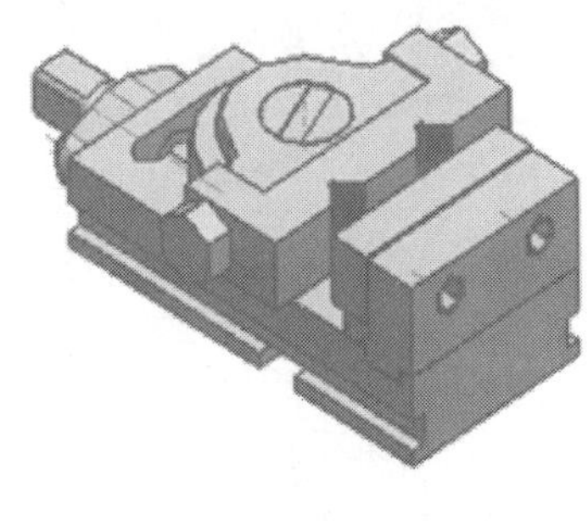

13	丝杠螺母	1
12	螺钉4	2
11	螺钉3	2
10	螺钉2	2
9	螺钉1	2
8	支承板	1
7	钳体	1
6	丝杠	1
5	压紧螺钉	1
4	活动钳身	1
3	活动钳口铁	1
2	固定钳口铁	1
1	固定钳口	1
序号	名称	数量

制图		年 月 日	45钢		（单位）
校核			比例		平口钳
审核			共 张 第 张		（图号）

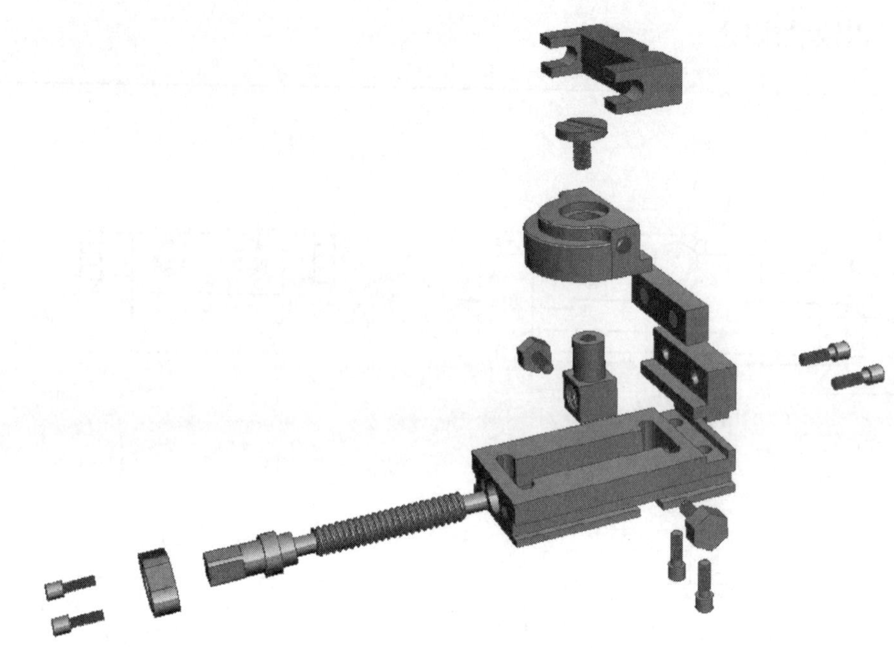

平口钳轴测分解图

装配图是表示产品及其组成部分的连接、装配关系的图样，由装配图可以看出机器或部件所要表达的工作原理、必要尺寸，各零件之间的相对位置、连接方式、装配关系、有关的技术要求、零件的序号与明细表、标题栏等。

1. 识读下表中的实体图，写出本次要加工平口钳各部件的名称及其功用。

序号	名称	功用	实体图
1			
2			
3			

续表

序号	名称	功用	实体图
4			
5			
6			
7			

续表

序号	名称	功用	实体图
8			
9			

2．写出平口钳的装配顺序。

3．阅读装配图中的技术要求，为了达到要求，要保证哪些部件的装配尺寸关系？

学习活动 2　制定平口钳的加工计划

学习目标

1. 能识别并正确列出平口钳标准件的参数信息。
2. 能列出加工平口钳用到的设备和加工方法。
3. 能制定平口钳的加工计划。

建议学时　4 学时

学习过程

1. 平口钳的哪些部件是标准件？列出其参数信息。

标准件	参数

2. 平口钳生产工期为 30 天，依据任务要求，制定合理的工作进度计划，并根据小组成员的特点进行分工。

钳体加工计划

设备		加工方法	
小组成员			
时间	工作内容	工具	负责人

固定钳口加工计划

设备		加工方法	
小组成员			
时间	工作内容	工具	负责人

固定钳口铁加工计划

设备		加工方法	
小组成员			
时间	工作内容	工具	负责人

活动钳身加工计划

设备		加工方法	
小组成员			
时间	工作内容	工具	负责人

活动钳口铁加工计划

设备		加工方法	
小组成员			
时间	工作内容	工具	负责人

丝杠、螺母加工计划

设备		加工方法	
小组成员			
时间	工作内容	工具	负责人

支承板加工计划

设备		加工方法	
小组成员			
时间	工作内容	工具	负责人

学习活动3 总 结 评 价

1. 能结合自身任务完成情况，正确、规范地撰写工作总结（心得体会）。

2. 能按分组情况，分别派代表展示工作成果，说明本次任务的完成情况，并作分析总结。

3. 能就本次任务中出现的问题提出改进措施。

4. 能对学习与工作进行反思总结，并能与他人开展良好合作，进行有效的沟通。

建议学时 2学时

一、个人、小组评价

先在小组内讨论制定好的平口钳加工计划，再由小组推荐代表作必要的介绍。在介绍的过程中，以小组为单位进行评价；评价完成后，根据其他小组成员对本组介绍成果的评价意见进行归纳总结。完成如下项目：

（1）介绍的平口钳加工计划符合现场实际加工条件吗？

符合□　　部分符合□　　不符合□

（2）与其他小组相比，你认为本小组的平口钳加工计划：

合理□　　部分合理□　　不合理□

（3）本小组介绍成果表达是否清晰？

很好□　　一般，常补充□　　不清晰□

（4）本小组成员的团队创新精神如何?

良好□　　　　一般□　　　　不足□

工作总结（心得体会）

二、教师评价

教师对各小组的加工计划分别作评价。

（1）找出各组的优点进行点评。

（2）对介绍过程中各组的缺点进行点评，提出改进方法。

（3）对整个任务完成中出现的亮点和不足进行点评。

学习任务一评价表

班级：________ 姓名：________ 学号：________

<table>
<tr><th rowspan="3">项目</th><th colspan="3">自我评价</th><th colspan="3">小组评价</th><th colspan="3">教师评价</th></tr>
<tr><th>10 ~ 9</th><th>8 ~ 6</th><th>5 ~ 1</th><th>10 ~ 9</th><th>8 ~ 6</th><th>5 ~ 1</th><th>10 ~ 9</th><th>8 ~ 6</th><th>5 ~ 1</th></tr>
<tr><th colspan="3">占总评 10%</th><th colspan="3">占总评 30%</th><th colspan="3">占总评 60%</th></tr>
<tr><td>学习活动 1</td><td></td><td></td><td></td><td></td><td></td><td></td><td></td><td></td><td></td></tr>
<tr><td>学习活动 2</td><td></td><td></td><td></td><td></td><td></td><td></td><td></td><td></td><td></td></tr>
<tr><td>学习活动 3</td><td></td><td></td><td></td><td></td><td></td><td></td><td></td><td></td><td></td></tr>
<tr><td>协作精神</td><td></td><td></td><td></td><td></td><td></td><td></td><td></td><td></td><td></td></tr>
<tr><td>纪律观念</td><td></td><td></td><td></td><td></td><td></td><td></td><td></td><td></td><td></td></tr>
<tr><td>表达能力</td><td></td><td></td><td></td><td></td><td></td><td></td><td></td><td></td><td></td></tr>
<tr><td>分析能力</td><td></td><td></td><td></td><td></td><td></td><td></td><td></td><td></td><td></td></tr>
<tr><td>创新能力</td><td></td><td></td><td></td><td></td><td></td><td></td><td></td><td></td><td></td></tr>
<tr><td>工作态度</td><td></td><td></td><td></td><td></td><td></td><td></td><td></td><td></td><td></td></tr>
<tr><td>任务总体表现</td><td></td><td></td><td></td><td></td><td></td><td></td><td></td><td></td><td></td></tr>
<tr><td>小计</td><td colspan="3"></td><td colspan="3"></td><td colspan="3"></td></tr>
<tr><td>总评</td><td colspan="9"></td></tr>
</table>

任课教师：________ 年 月 日

学习任务二　钳体的铣削

学习目标

1. 能独立识读钳体图样和工艺卡，明确加工技术要求和加工工艺。

2. 能正确选择符合加工技术要求的刀具、夹具、量具。

3. 能综合考虑零件材料、刀具材料、加工性质、机床特性等因素独立确定切削用量。

4. 能正确制定钳体的加工步骤，并独立填写加工工序卡。

5. 在钳体加工过程中，能严格按铣床操作规程操作铣床，按工步切削；根据切削状态调整切削用量，保证正常切削；适时检测，保证精度。

6. 能按车间规定整理现场，保养机床，填写保养记录。

7. 能按车间规定填写交接班记录。

8. 能完成钳体的测量，并根据测量结果分析误差产生的原因。

9. 能主动获取有效信息，展示工作成果，对学习与工作进行反思总结，并能与他人开展良好合作，进行有效的沟通。

36 学时

工作情境描述

根据学习任务一制定的加工计划，完成平口钳钳体的加工，数量为 30 件，工期为 6 天。

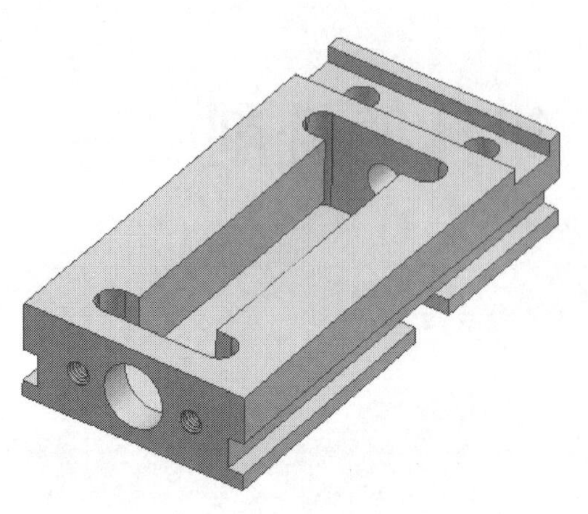

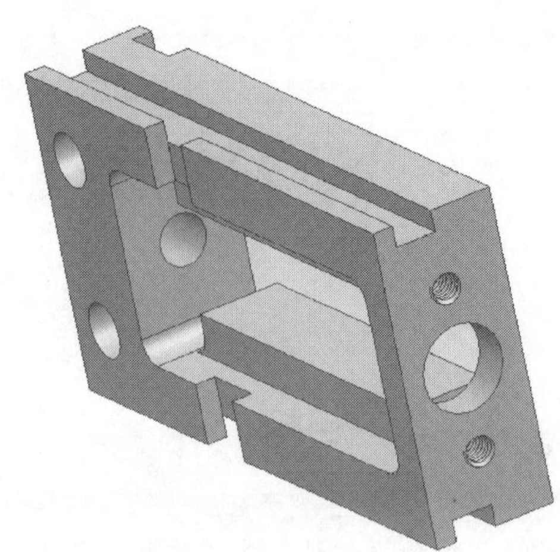

工作流程与活动

1. 制定钳体的加工工艺
2. 钳体的加工
3. 钳体的测量及误差分析
4. 总结评价

学习活动 1　制定钳体的加工工艺

学习目标

1. 能识读钳体图样和工艺卡，明确加工技术要求和加工工艺。

2. 能正确选择符合加工技术要求的刀具、夹具、量具。

3. 能正确制定钳体的加工步骤。

4. 能综合考虑零件材料、刀具材料、加工性质、机床特性等因素确定切削用量。

5. 能正确、规范地填写钳体的加工工序卡。

建议学时　8 学时

学习过程

一、识读零件图

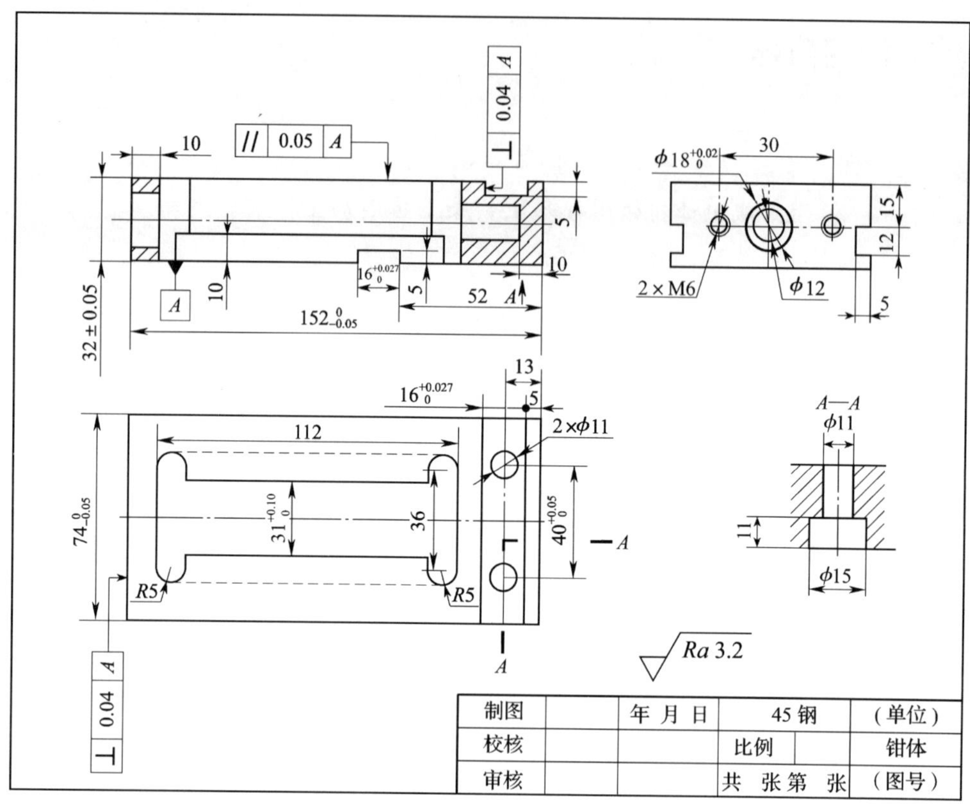

二、填写工艺卡

钳体加工工艺卡

单位名称		产品名称		钳体		图号		
		零件名称		钳体	数量	30		第 1 页
材料种类	板料	材料牌号	45 钢	毛坯尺寸		157mm ×80 mm ×36 mm		共 1 页
工序号	工序内容	车间	设备	工具			计划工时	实际工时
				夹具	量具	刃具		
1	毛坯下料	准备	锯床	平口钳	钢直尺	锯条		
2								
3								

续表

工序号	工序内容	车间	设备	工具			计划工时	实际工时
				夹具	量具	刃具		
4								
5								

更改号		拟定	校正	审核	批准
更改者					
日期					

三、制定加工步骤

写出表中各图表示的加工内容和操作要点。

钳体的加工步骤

加工内容	操作要点	图示
		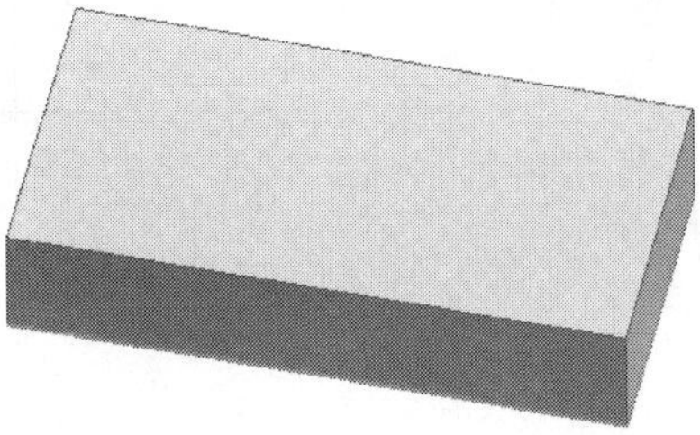
		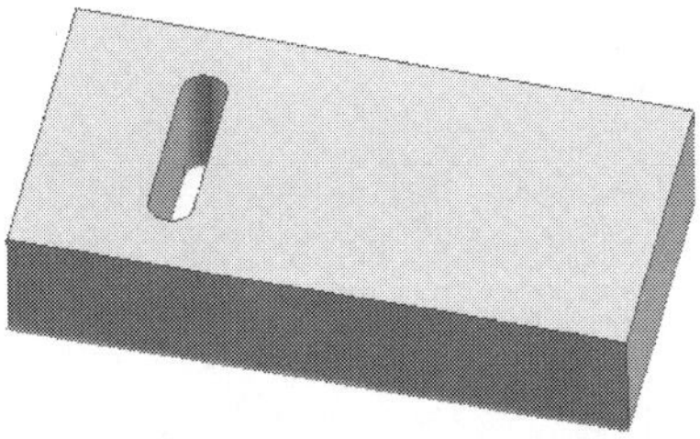

续表

加工内容	操作要点	图示
		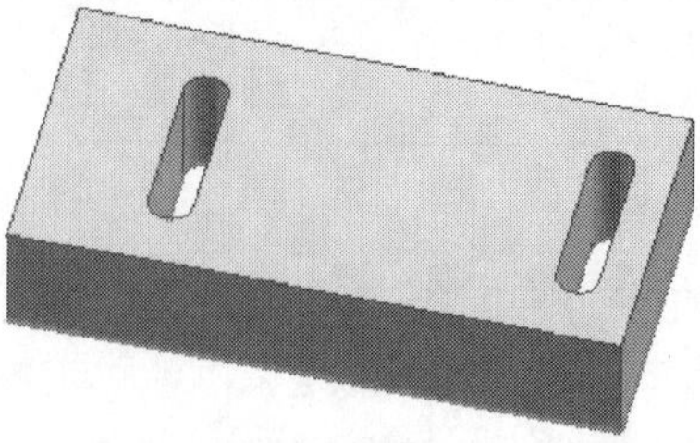
		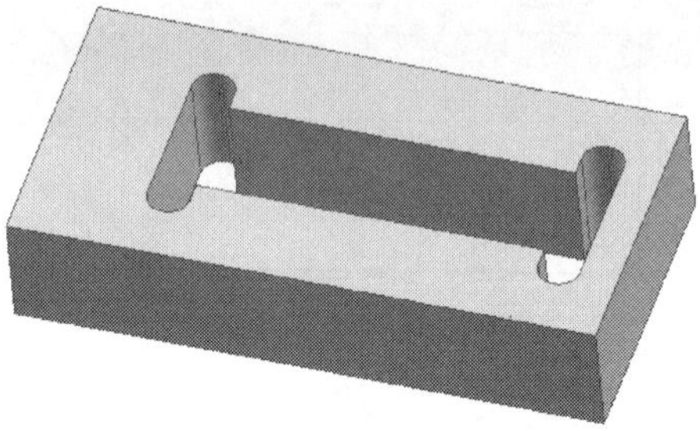
		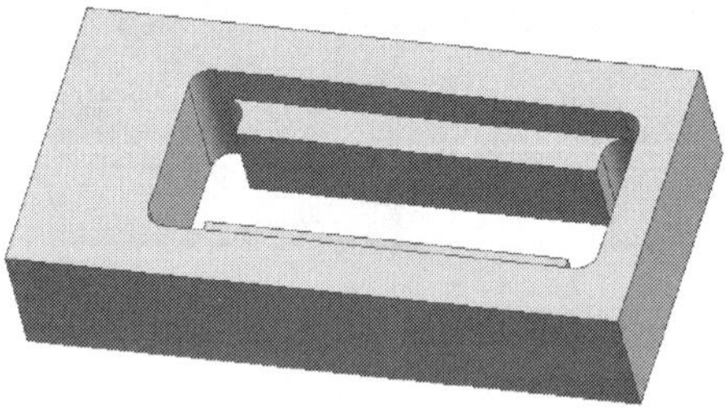
		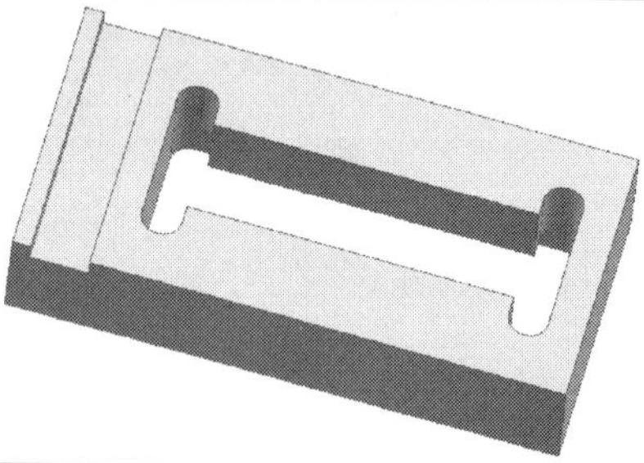
		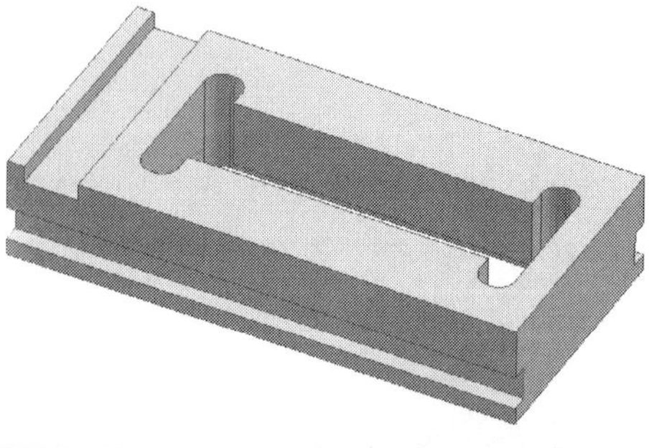

续表

加工内容	操作要点	图示
		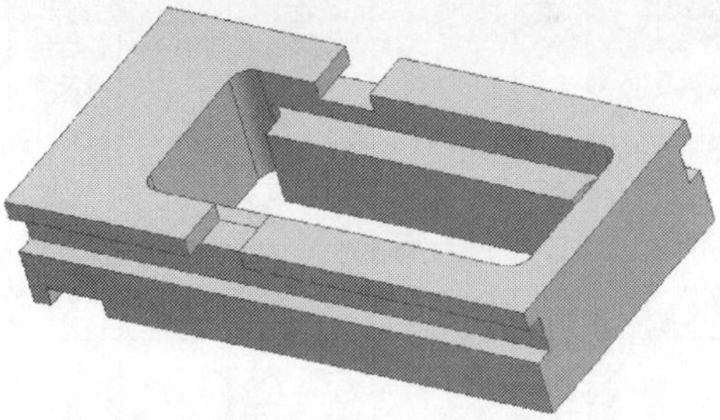
		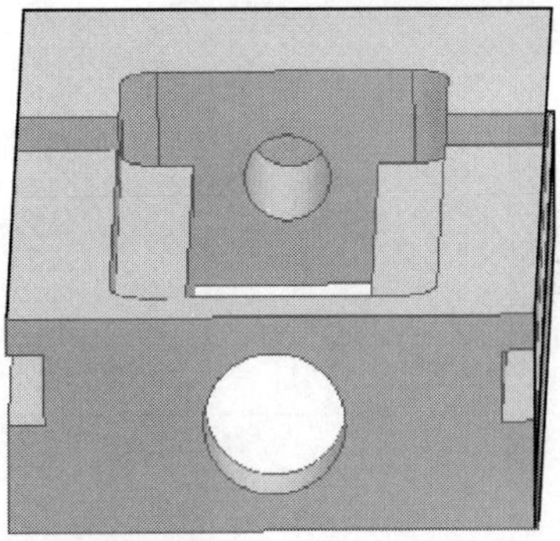
		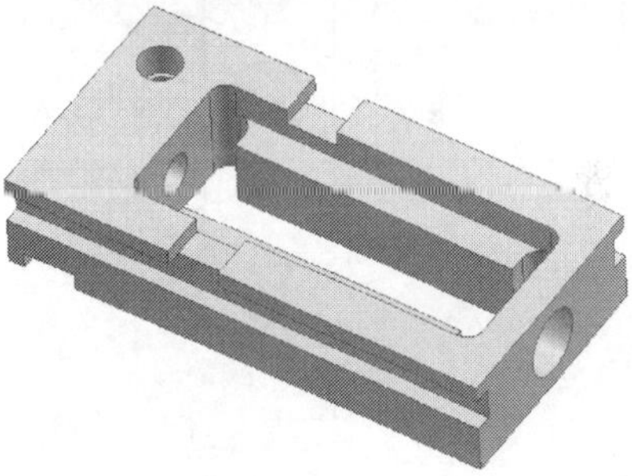
		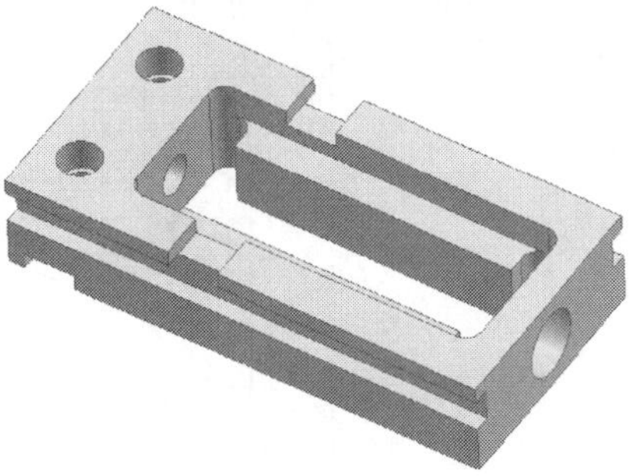

四、填写工序卡

填写钳体加工中铣削直角沟槽工序的工序卡。其他工序的工序卡可参考该工序卡制定。

钳体加工工序卡

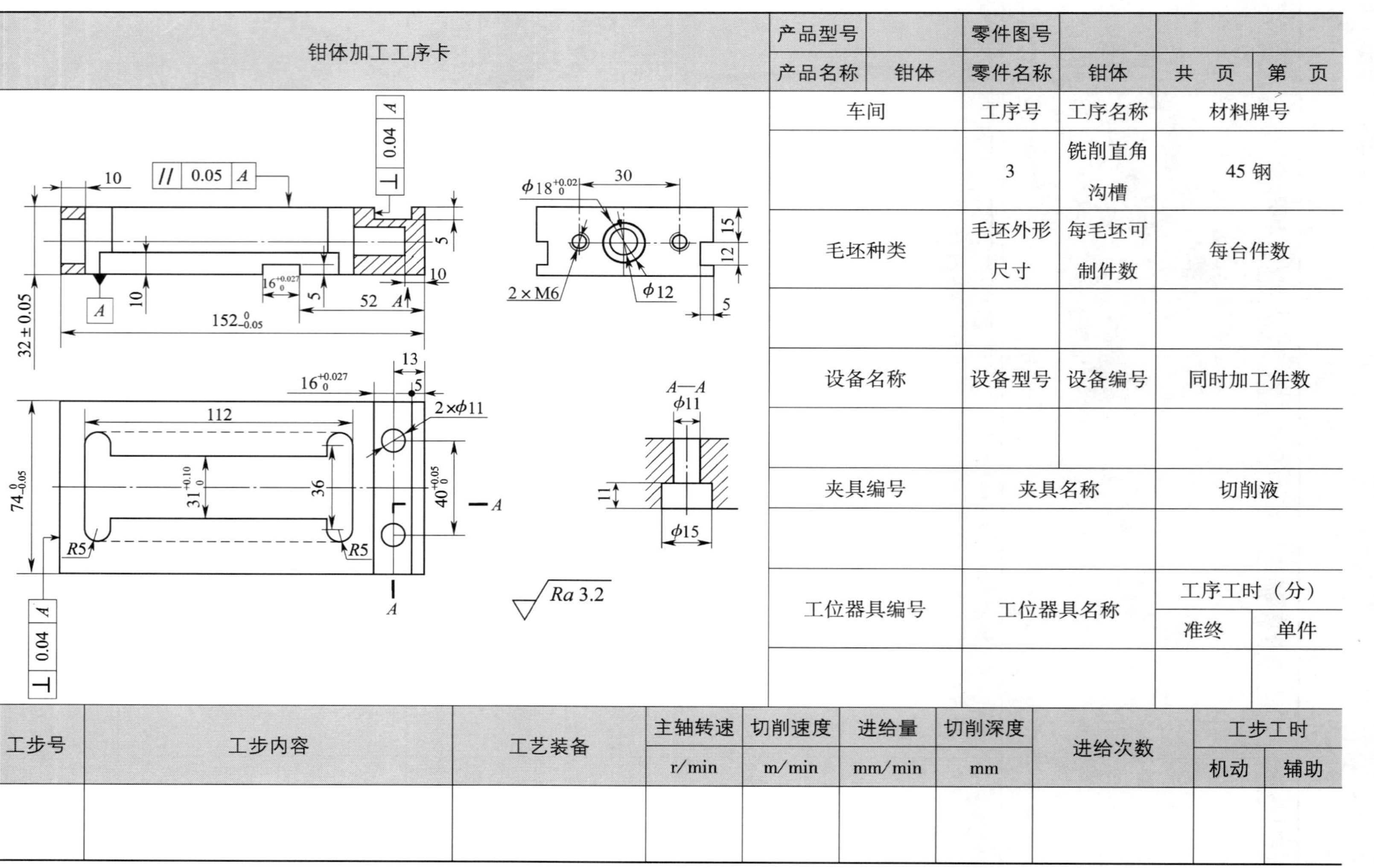

产品型号		零件图号			
产品名称	钳体	零件名称	钳体	共 页	第 页
车间		工序号	工序名称	材料牌号	
		3	铣削直角沟槽	45 钢	
毛坯种类		毛坯外形尺寸	每毛坯可制件数	每台件数	
设备名称		设备型号	设备编号	同时加工件数	
夹具编号		夹具名称		切削液	
工位器具编号		工位器具名称		工序工时（分）	
				准终	单件

工步号	工步内容	工艺装备	主轴转速 r/min	切削速度 m/min	进给量 mm/min	切削深度 mm	进给次数	工步工时 机动	工步工时 辅助

续表

工步号	工步内容	工艺装备	主轴转速	切削速度	进给量	切削深度	进给次数	工步工时	
			r/min	m/min	mm/min	mm		机动	辅助

设计（日 期）	校 对（日期）	审 核（日期）	标准化（日期）	会签（日期）

学习活动2　钳体的加工

学习目标

1. 能正确、规范地装夹铣刀，并根据加工要求，运用适当对刀方法正确对刀。

2. 能正确选择粗、精基准，正确装夹、调整零件位置，满足加工要求。

3. 在钳体加工过程中，能严格按铣床操作规程操作铣床，按工步切削；根据切削状态调整切削用量，保证正常切削；适时检测，保证精度。

4. 能按车间规定整理现场，保养机床，填写保养记录。

5. 能按车间规定填写交接班记录。

建议学时　22学时

学习过程

一、填写领料单并领取材料

领料单

领料部门		产品名称及数量				
领料单号		零件名称及数量				
材料名称	材料规格及型号	单位	数量		单价	总价
			领	实发		
材料用途	材料仓库	主管	发料数量	领料部门	主管	领料数量

二、填写工量具清单并领取工量具

工量具清单

序号	工量具名称	规格	数量	需领用

三、进行加工

在实训场地按下面操作过程的提示完成钳体的加工。

操作过程

操作步骤	操作要点
1. 加工前准备工作	按操作规程，加工零件前首先要检查各手柄的原始位置是否正常及各进给方向的停止挡铁是否在限位柱范围内，是否牢靠，然后完成机床润滑、预热等准备工作
2. 外形加工	根据毛坯尺寸，选择合适规格的端铣刀刀盘，并调整主轴转速至所选转速，进给量调至所选数值。检查工件毛坯，确定各平面的铣削深度。用平口钳装夹，完成各平面的铣削工作。去毛刺，测量工件，如不符合要求，须重新铣削，直至满足图样要求
3. 铣削直角沟槽	（1）铣削直角沟槽时选用 ϕ10mm 键槽铣刀，主轴转速选择为 475 r/min，进给量选择为 23. 5 mm/min （2）将选择好的铣刀安装到铣床上，并调整主轴转速至所选转速，进给量调至所选数值。校正平口钳，使平口钳固定钳口与纵向工作台进给方向平行

续表

操作步骤	操作要点
3. 铣削直角沟槽	（3）工件按照图样划线，检查后把工件装夹到平口钳上。先铣削距左端面为10 mm、圆弧为 $R5$ mm、两圆弧中心距为36 mm的封闭键槽，然后铣削另一形状相同中心距为102 mm的封闭键槽，加工过程中采用游标卡尺适时测量，保证精度达到图样要求，去毛刺 （4）铣削中部上面的直角沟槽。按照划线进行粗铣，留2 mm左右余量，然后进行精铣，适时测量，直至加工到图样尺寸要求。去毛刺，卸下工件 （5）铣削中部下面的直角沟槽。按照划线进行粗铣，留2 mm左右余量，然后进行精铣，加工过程中适时测量，直至加工到图样尺寸要求。去毛刺，卸下工件 （6）铣削钳体上表面 $16^{+0.027}_{0}$ mm的直角沟槽。选择 $\phi12$ mm的键槽铣刀，分粗、精加工，铣削出钳体上表面定位尺寸为5 mm、宽 $16^{+0.027}_{0}$ mm、深5 mm的直角沟槽。加工过程中适时测量，直至加工到图样尺寸要求，去毛刺，卸下工件 （7）铣削钳体左右两侧的直角沟槽。选择 $\phi12$ mm的键槽铣刀，安装在铣床上并调整切削用量，铣削时，首先铣出钳体一侧定位尺寸15 mm、宽12 mm、深5 mm的直角沟槽，加工过程中适时测量，直至加工到图样尺寸要求，去毛刺，卸下工件。然后用相同方式铣削另一侧的直角沟槽 （8）铣削钳体下面的 $16^{+0.027}_{0}$ mm直角沟槽。选择 $\phi12$ mm的键槽铣刀，分粗、精加工，铣削出钳体下平面定位尺寸为52 mm、宽 $16^{+0.027}_{0}$ mm、深5 mm的直角沟槽 注意：由于直角沟槽较深，操作时要注意分粗、精加工。铣削直角沟槽时注意定位尺寸，并严格按照操作规程进行操作，以免发生事故
4. 钻、镗孔	（1）钻孔 1）将选择好的钻头安装在铣床上，并调整主轴转速 2）对工件划线并检验，用压板装夹工件并校正工件侧面与纵向工作台进给方向垂直。对刀试切，调整切削位置，用游标卡尺测量孔的位置正确后，将纵向、升降进给紧固，在一次加工中将左侧 $\phi18^{+0.02}_{0}$ mm通孔预钻为 $\phi12$ mm，并加工出右侧 $\phi12$ mm盲孔。检查合格后，卸下工件，去毛刺 （2）镗孔 1）安装镗刀杆、镗刀 2）镗孔。由于本任务为小直径孔的镗削加工，先钻削孔至 $\phi16$ mm，再镗削孔至 $\phi18^{+0.02}_{0}$ mm。镗削时，采用试镗和测量调整的方法控制孔径及孔的中心位置，使孔的中心与铣床主轴中心对正。固定工作台后，粗镗孔，通过测量留精镗孔余量0.20 mm左右。精镗孔时，为保证加工精度，需重新调整切削用量，采用试切的方法控制孔的尺寸精度并达到图样要求，采用横向进给的加工方式完成孔的加工。测量合格后，去毛刺，卸下工件

续表

操作步骤	操作要点
4. 钻、镗孔	注意事项： （1）保持铣床的精度，调整好工作台导轨的间隙，防止因间隙过大而松动引起加工中的振动 （2）准确调整卧式铣床工作台的“零”位，防止镗出椭圆孔 （3）正确选择定位基准，基准面之间要相互垂直 （4）在不影响镗削加工的前提下，镗刀杆应尽量选得粗一些、短一些，使刀杆具有足够的刚度 （5）镗孔应分粗镗和精镗
5. 钻、锪孔	（1）划出孔的中心线及检验线 （2）把选择好的钻头安装在铣床上，并调整铣床主轴转速、进给量等 （3）利用平口钳装夹工件，夹紧前应调整好工件安装位置，以钻头钻出工件时不钻伤平口钳导轨为宜，工件底面距平口钳导轨 15 ~ 20 mm （4）调整好位置后钻 ϕ11 mm 孔，用游标卡尺测量孔径及孔的坐标尺寸，应达到图样要求；换装锪孔钻且重新调整切削用量锪 ϕ15 mm 孔，用游标卡尺测量孔径及孔的坐标尺寸，应达到图样要求，然后卸下工件，去除毛刺
6. 加工后整理工作	加工完毕后，按图样要求进行自检，正确放置零件，并进行产品交接确认；按国家环保相关规定和车间要求整理现场，正确处置废油液等废弃物；按车间规定填写交接班记录（见附表 1）和设备日常保养记录卡（见附表 2）

四、评价

按以下内容对活动完成情况进行评价。

项目	内容	完成情况
设备及工量刃具的使用维护	正确进行铣床的操作	
	正确进行铣床的润滑	
	工量刃具的合理使用与保养	
安全文明生产	正确执行安全技术操作规程	
	正确穿戴工作服	

学习活动 3　钳体的测量及误差分析

学习目标

1. 能利用量具完成钳体各要素的测量。

2. 能根据钳体的测量结果，分析误差产生的原因。

3. 能正确、规范地使用工量具，并对其进行合理保养和维护。

建议学时　4 学时

学习过程

一、测量工件

对工件进行测量，并将结果填写在测量结果记录表中。

测量结果记录表

序号	测量内容	测量项目	测量结果	结论
1	尺寸	$74_{-0.05}^{0}$ mm		
		（32 ±0.05）mm		
		$152_{-0.05}^{0}$ mm		
		5 mm（4 处）		
		$16_{0}^{+0.027}$ mm（2 处）		
		$31_{0}^{+0.10}$ mm		
		36 mm		
		*R*5 mm（4 处）		
		10 mm（3 处）		
		112 mm		

续表

序号	测量内容	测量项目	测量结果	结论
1	尺寸	15 mm（2 处）		
		12 mm（2 处）		
		52 mm		
		ϕ12 mm		
		$\phi18_{0}^{+0.02}$ mm		
		$40_{0}^{+0.05}$ mm		
		ϕ11 mm（2 处）		
		ϕ15 mm（2 处）		
		13 mm		
		11 mm		
2	几何公差	// 0.05 A		
		⊥ 0.04 A （2 处）		
3	表面粗糙度	*Ra*3.2 μm		
钳体测量结论				

二、误差分析

根据测量结果进行误差分析，将分析结果填写在误差分析表中。

误差分析表

测量内容		零件名称	
测量工具和仪器		测量人员	
班级		日期	

一、测量目的：

二、测量步骤：

续表

三、测量要领：

四、结论（误差分析）：

质量问题	产生原因	修正措施
尺寸误差		
几何公差误差		
表面粗糙度误差		
其他误差		

学习活动4 总 结 评 价

学习目标

1. 能结合自身任务完成情况，正确、规范地撰写工作总结（心得体会）。

2. 能按分组情况，分别派代表展示工作成果，说明本次任务的完成情况，并作分析总结。

3. 能就本次任务中出现的问题提出改进措施。

4. 能对学习与工作进行反思总结，并能与他人开展良好合作，进行有效的沟通。

建议学时 2学时

学习过程

一、个人、小组评价

把个人制作好的钳体先进行分组展示，再由小组推荐代表作必要的介绍。在展示的过程中，以小组为单位进行评价；评价完成后，根据其他小组成员对本组展示成果的评价意见进行归纳总结。完成如下项目：

（1）展示的钳体符合技术标准吗？

合格□ 不良□ 返修□ 报废□

（2）与其他小组相比，你认为本小组的钳体工艺：

工艺优化□ 工艺合理□ 工艺一般□

（3）本小组介绍成果表达是否清晰？

很好□ 一般，常补充□ 不清晰□

(4) 本小组演示钳体测量方法操作正确吗?

正确□　　部分正确□　　不正确□

(5) 本小组演示操作时遵循了“6S”的工作要求吗?

符合工作要求□　　忽略了部分要求□　　完全没有遵循□

(6) 本小组成员的团队创新精神如何?

良好□　　一般□　　不足□

工作总结（心得体会）

二、教师评价

教师对展示的作品分别作评价。

(1) 找出各组的优点进行点评。

(2) 对展示过程中各组的缺点进行点评，提出改进方法。

(3) 对整个任务完成中出现的亮点和不足进行点评。

学习任务二评价表

班级：________　　　　姓名：________　　　　学号：________

项目	自我评价			小组评价			教师评价		
	10～9	8～6	5～1	10～9	8～6	5～1	10～9	8～6	5～1
	占总评 10%			占总评 30%			占总评 60%		
学习活动 1									
学习活动 2									
学习活动 3									
学习活动 4									
协作精神									
纪律观念									
表达能力									
分析能力									
工作态度									
任务总体表现									
小计									
总评									

任课教师：________　　年　　月　　日

学习任务三　固定钳口的铣削

学习目标

1. 能独立识读固定钳口图样和工艺卡，明确加工技术要求和加工工艺。

2. 能正确选择符合加工技术要求的刀具、夹具、量具。

3. 能综合考虑零件材料、刀具材料、加工性质、机床特性等因素，独立确定切削用量。

4. 能正确制定固定钳口的加工步骤，并独立填写加工工序卡。

5. 在固定钳口加工过程中，能严格按铣床操作规程操作铣床，按工步切削；根据切削状态调整切削用量，保证正常切削；适时检测，保证精度。

6. 能按车间规定整理现场，保养机床，填写保养记录。

7. 能按车间规定填写交接班记录。

8. 能完成固定钳口的测量，并根据测量结果分析误差产生的原因。

9. 能主动获取有效信息，展示工作成果，对学习与工作进行反思总结，并能与他人开展良好合作，进行有效的沟通。

建议学时

20 学时

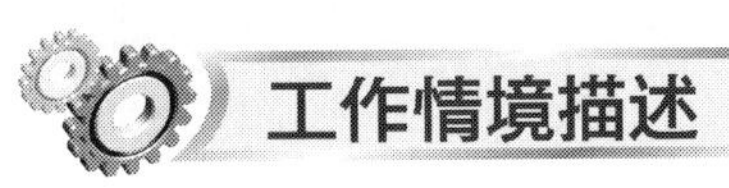

工作情境描述

根据学习任务一制定的加工计划，完成平口钳固定钳口的加工，数量为 30 件，工期为 3 天。

工作流程与活动

1. 制定固定钳口的加工工艺
2. 固定钳口的加工
3. 固定钳口的测量及误差分析
4. 总结评价

学习活动1　制定固定钳口的加工工艺

学习目标

1. 能识读固定钳口图样和工艺卡，明确加工技术要求和加工工艺。

2. 能正确选择符合加工技术要求的刀具、夹具、量具。

3. 能正确制定固定钳口的加工步骤。

4. 能综合考虑零件材料、刀具材料、加工性质、机床特性等因素确定切削用量。

5. 能正确、规范地填写固定钳口的加工工序卡。

建议学时　4学时

学习过程

一、识读零件图

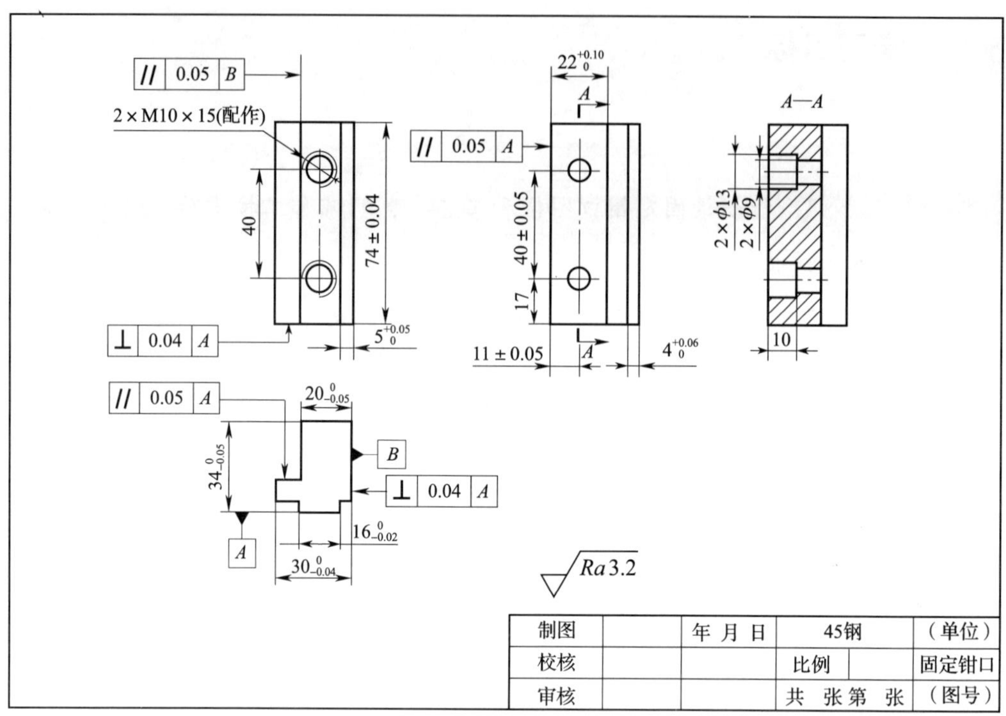

二、填写工艺卡

固定钳口加工工艺卡

单位名称		产品名称		固定钳口		图号		
		零件名称		固定钳口	数量	30		第 1 页
材料种类	板料	材料牌号	45 钢	毛坯尺寸		80 mm×40 mm×35 mm		共 1 页
工序号	工序内容	车间	设备	工具			计划工时	实际工时
				夹具	量具	刃具		
1	毛坯下料	准备	锯床	平口钳	钢直尺	锯条		
2								
3								
4								
5								
更改号		拟定	校正		审核		批准	
更改者								
日期								

三、制定加工步骤

写出表中各图表示的加工内容和操作要点。

固定钳口的加工步骤

加工内容	操作要点	图　　示

续表

加工内容	操作要点	图　示

		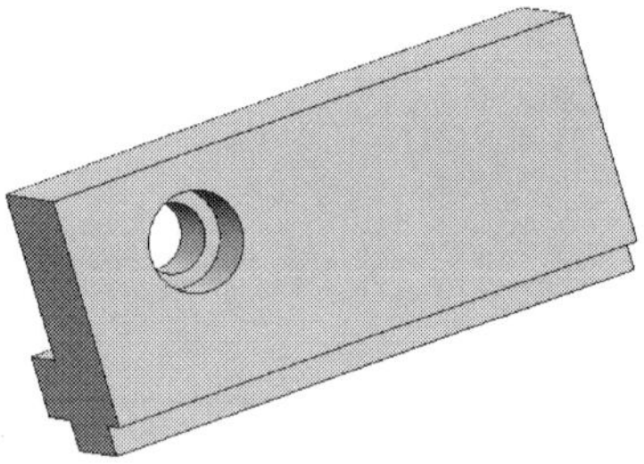

四、填写工序卡

填写固定钳口加工中铣削凸台工序的工序卡。其他工序的工序卡可参考该工序卡制定。

固定钳口加工工序卡

固定钳口加工工序卡	产品型号		零件图号			
	产品名称	固定钳口	零件名称	固定钳口	共　页	第　页

车间	工序号	工序名称	材料牌号
	4	铣削凸台	45 钢
毛坯种类	毛坯外形尺寸	每毛坯可制件数	每台件数
设备名称	设备型号	设备编号	同时加工件数

夹具编号	夹具名称	切削液	
工位器具编号	工位器具名称	工序工时（分）	
		准终	单件

// 0.05 B
2 × M10 × 15(配作)
40
74 ± 0.04
$5^{+0.05}_{0}$
⊥ 0.04 A
// 0.05 A
$20^{0}_{-0.05}$
$34^{0}_{-0.05}$
B
⊥ 0.04 A
$16^{0}_{-0.02}$
A
$30^{0}_{-0.04}$
$22^{+0.10}_{0}$
A
// 0.05 A
40 ± 0.05
17
11 ± 0.05
A
$4^{+0.06}_{0}$
A—A
2 × ϕ13
2 × ϕ9
10
$Ra\,3.2$

工步号	工步内容	工艺装备	主轴转速	切削速度	进给量	切削深度	进给次数	工步工时	
			r/min	m/min	mm/min	mm		机动	辅助

续表

工步号	工步内容	工艺装备	主轴转速	切削速度	进给量	切削深度	进给次数	工步工时	
			r/min	m/min	mm/min	mm		机动	辅助

设计（日期）	校对（日期）	审核（日期）	标准化（日期）	会签（日期）

学习活动 2 固定钳口的加工

学习目标

1. 能正确、规范地装夹铣刀，并根据加工要求，运用适当对刀方法正确对刀。

2. 能正确选择粗、精基准，正确装夹、调整零件位置，满足加工要求。

3. 在固定钳口加工过程中，能严格按铣床操作规程操作铣床，按工步切削；根据切削状态调整切削用量，保证正常切削；适时检测，保证精度。

4. 能按车间规定整理现场，保养机床，填写保养记录。

5. 能按车间规定填写交接班记录。

建议学时 12 学时

学习过程

一、填写领料单并领取材料

领 料 单

<table>
<tr><td>领料部门</td><td></td><td>产品名称及数量</td><td colspan="4"></td></tr>
<tr><td>领料单号</td><td></td><td>零件名称及数量</td><td colspan="4"></td></tr>
<tr><td rowspan="2">材料名称</td><td rowspan="2">材料规格及型号</td><td rowspan="2">单位</td><td colspan="2">数量</td><td rowspan="2">单价</td><td rowspan="2">总价</td></tr>
<tr><td>领</td><td>实发</td></tr>
<tr><td></td><td></td><td></td><td></td><td></td><td></td><td></td></tr>
<tr><td>材料用途</td><td>材料仓库</td><td>主管</td><td>发料数量</td><td>领料部门</td><td>主管</td><td>领料数量</td></tr>
<tr><td></td><td></td><td></td><td></td><td></td><td></td><td></td></tr>
</table>

二、填写工量具清单并领取工量具

工量具清单

序号	工量具名称	规格	数量	需领用

三、进行加工

在实训场地按下面操作过程的提示，完成固定钳口的加工。

操 作 过 程

操作步骤	操作要点
1. 加工前准备工作	按操作规程，加工零件前首先要检查各手柄的原始位置是否正常及各进给方向的停止挡铁是否在限位柱范围内，是否牢靠，然后完成机床润滑、预热等准备工作
2. 外形加工	根据毛坯尺寸，选择合适规格的端铣刀刀盘，并调整主轴转速至所选转速，进给量调至所选数值。检查工件毛坯，确定各平面的铣削深度。用平口钳装夹，完成各平面的铣削工作。去毛刺，测量工件，如不符合要求，须重新铣削，直至满足图样要求

续表

操作步骤	操作要点
3. 铣削阶台	（1）铣削阶台时选用 ϕ30 mm 立铣刀，主轴转速选择为 235 r/min，进给量选择为 37.5 mm/min （2）将选择好的铣刀杆及铣刀等依次安装到铣床上，并调整主轴转速至所选转速，进给量调至所选数值 （3）将工件基准面靠向固定钳口，辅助基准面放在合适的平行垫铁上，调整好工件位置并夹紧，用铜棒将工件轻轻敲实，直至用手不能晃动垫铁为合适。对刀调整加工，在铣削过程中，应分粗、精加工并适时测量，以利于保证阶台的深度 $22^{+0.10}_{0}$ mm 和宽度 $20^{0}_{-0.05}$ mm 的尺寸精度和几何公差精度。检查无误后，卸下工件，用锉刀仔细去除毛刺后，综合检验各项技术要求 注意：由于阶台较深，操作时要注意分粗、精加工，并严格按照操作规程进行操作，以免发生事故
4. 铣削凸台	（1）铣削凸台时选用 ϕ12 mm 立铣刀，主轴转速选择为 475 r/min，进给量选择为 30 mm/min （2）将选择好的铣刀杆及铣刀等依次安装到铣床上，并调整主轴转速至所选转速，进给量调至所选数值 （3）夹持工件阶台部分，将辅助基准面放在合适的平行垫铁上，调整好工件位置并夹紧，用铜棒将工件轻轻敲实，直至用手不能晃动垫铁为合适。对刀调整加工凸台，在铣削过程中应先加工深度 $4^{+0.06}_{0}$ mm 和凸台一侧阶台宽度 $5^{+0.05}_{0}$ mm 尺寸，再加工凸台另一侧，保证凸台宽度 $16^{0}_{-0.02}$ mm 尺寸，检查无误后卸下工件，用锉刀仔细去除毛刺，综合检验各项技术要求
5. 钻、锪孔	（1）钻孔 1）选择和安装钻头，并调整主轴转速 2）划出孔的中心线和检验线 3）用平口钳装夹，进行钻加工 ①装夹时将工件向上抬离导轨面 20～50 mm，以免在钻孔时钻伤平口钳。启动铣床对刀、试切、调整工件位置 ②加工第一个孔。先进行试切，然后用游标卡尺测量孔径及孔的坐标尺寸，正确后将纵向、横向进给紧固，钻削 ϕ9 mm 孔。更换键槽铣刀锪 ϕ13 mm 孔，控制深度 10 mm，检查合格后，卸下工件，去毛刺

续表

操作步骤	操作要点
5. 钻、锪孔	③加工第二个孔。调整工件位置，控制两孔的中心距（40 ± 0.05）mm，将纵向、横向进给紧固，钻削 ϕ9 mm 孔。更换键槽铣刀锪 ϕ13 mm 孔，控制深度 10 mm，检查合格后，卸下工件，去毛刺
6. 加工后整理工作	加工完毕后，按图样要求进行自检，正确放置零件，并进行产品交接确认；按国家环保相关规定和车间要求整理现场，正确处置废油液等废弃物；按车间规定填写交接班记录（见附表 1）和设备日常保养记录卡（见附表 2）

四、评价

按以下内容对活动完成情况进行评价。

项目	内容	完成情况
设备及工量刃具的使用维护	正确进行铣床的操作	
	正确进行铣床的润滑	
	工量刃具的合理使用与保养	
安全文明生产	正确执行安全技术操作规程	
	正确穿戴工作服	

学习活动 3　固定钳口的测量及误差分析

学习目标

1. 能利用量具完成固定钳口各要素的测量。

2. 能根据固定钳口的测量结果，分析误差产生的原因。

3. 能正确、规范地使用工量具，并对其进行合理保养和维护。

建议学时　2 学时

学习过程

一、测量工件

对工件进行测量，并将结果填写在测量结果记录表中。

测量结果记录表

序号	测量内容	测量项目	测量结果	结论
1	尺寸	(74 ±0.04) mm		
		$34^{0}_{-0.05}$ mm		
		$30^{0}_{-0.04}$ mm		
		$20^{0}_{-0.05}$ mm		
		$4^{+0.06}_{0}$ mm		
		$16^{0}_{-0.02}$ mm		

续表

序号	测量内容	测量项目	测量结果	结论
1	尺寸	$5^{+0.05}_{0}$ mm		
		$22^{+0.10}_{0}$ mm		
		2×ϕ13 mm		
		2×ϕ9 mm		
		（40±0.05）mm		
		（11±0.05）mm		
		17 mm		
		10 mm		
2	几何公差	// 0.05 B		
		// 0.05 A （2处）		
		⊥ 0.04 A （2处）		
3	表面粗糙度	*Ra*3.2 μm		
固定钳口测量结论				

二、误差分析

根据测量结果进行误差分析，将分析结果填写在误差分析表中。

误差分析表

测量内容		零件名称	
测量工具和仪器		测量人员	
班级		日期	

续表

一、测量目的：

二、测量步骤：

三、测量要领：

四、结论（误差分析）：

质量问题	产生原因	修正措施
尺寸误差		
几何公差误差		
表面粗糙度误差		
其他误差		

学习活动4 总 结 评 价

学习目标

1. 能结合自身任务完成情况，正确、规范地撰写工作总结（心得体会）。

2. 能按分组情况，分别派代表展示工作成果，说明本次任务的完成情况，并作分析总结。

3. 能就本次任务中出现的问题提出改进措施。

4. 能对学习与工作进行反思总结，并能与他人开展良好合作，进行有效的沟通。

建议学时 2学时

学习过程

一、个人、小组评价

把个人制作好的固定钳口先进行分组展示，再由小组推荐代表作必要的介绍。在展示的过程中，以小组为单位进行评价；评价完成后，根据其他小组成员对本组展示成果的评价意见进行归纳总结。完成如下项目：

（1）展示的固定钳口符合技术标准吗？

合格□　　不良□　　返修□　　报废□

（2）与其他小组相比，你认为本小组的固定钳口工艺：

工艺优化□　　工艺合理□　　工艺一般□

（3）本小组介绍成果表达是否清晰？

很好□　　一般，常补充□　　不清晰□

(4) 本小组演示固定钳口测量方法操作正确吗?

正确□　　　　　　部分正确□　　　　　　不正确□

(5) 本小组演示操作时遵循了“6S”的工作要求吗?

符合工作要求□　　　忽略了部分要求□　　　完全没有遵循□

(6) 本小组成员的团队创新精神如何?

良好□　　　　　　一般□　　　　　　不足□

工作总结（心得体会）

二、教师评价

教师对展示的作品分别作评价。

(1) 找出各组的优点进行点评。

(2) 对展示过程中各组的缺点进行点评，提出改进方法。

(3) 对整个任务完成中出现的亮点和不足进行点评。

学习任务三评价表

班级：________ 姓名：________ 学号：________

项目	自我评价			小组评价			教师评价		
	10~9	8~6	5~1	10~9	8~6	5~1	10~9	8~6	5~1
	占总评 10%			占总评 30%			占总评 60%		
学习活动 1									
学习活动 2									
学习活动 3									
学习活动 4									
协作精神									
纪律观念									
表达能力									
分析能力									
工作态度									
任务总体表现									
小计									
总评									

任课教师：________ 年 月 日

学习任务四　固定钳口铁的铣削

学习目标

1. 能独立识读固定钳口铁图样和工艺卡，明确加工技术要求和加工工艺。

2. 能正确选择符合加工技术要求的刀具、夹具、量具。

3. 能综合考虑零件材料、刀具材料、加工性质、机床特性等因素独立确定切削用量。

4. 能正确制定固定钳口铁的加工步骤，并独立填写加工工序卡。

5. 在固定钳口铁加工过程中，能严格按铣床操作规程操作铣床，按工步切削；根据切削状态调整切削用量，保证正常切削；适时检测，保证精度。

6. 能按车间规定整理现场，保养机床，填写保养记录。

7. 能按车间规定填写交接班记录。

8. 能完成固定钳口铁的测量，并根据测量结果分析误差产生的原因。

9. 能主动获取有效信息，展示工作成果，对学习与工作进行反思总结，并能与他人开展良好合作，进行有效的沟通。

建议学时

12 学时

工作情境描述

根据学习任务一制定的加工计划，完成平口钳固定钳口铁的加工，数量为 30 件，工期为 2 天。

工作流程与活动

1. 制定固定钳口铁的加工工艺
2. 固定钳口铁的加工
3. 固定钳口铁的测量及误差分析
4. 总结评价

学习活动1　制定固定钳口铁的加工工艺

学习目标

1. 能识读固定钳口铁图样和工艺卡，明确加工技术要求和加工工艺。

2. 能正确选择符合加工技术要求的刀具、夹具、量具。

3. 能正确制定固定钳口铁的加工步骤。

4. 能综合考虑零件材料、刀具材料、加工性质、机床特性等因素确定切削用量。

5. 能正确、规范地填写固定钳口铁的加工工序卡。

建议学时　4学时

学习过程

一、识读零件图

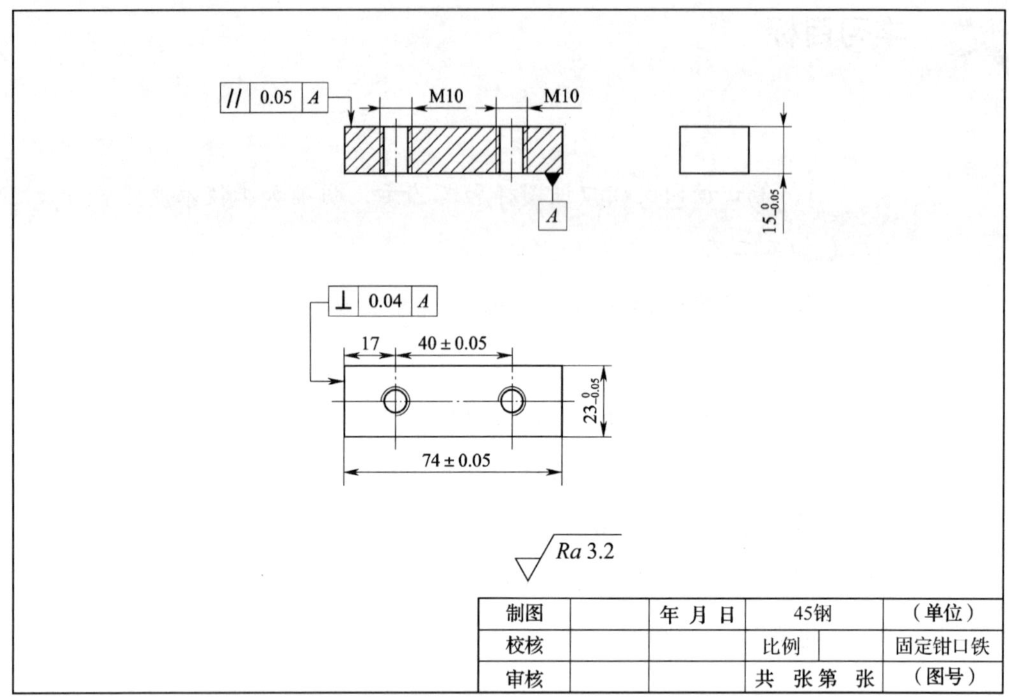

二、填写工艺卡

固定钳口铁加工工艺卡

单位名称		产品名称		固定钳口铁		图号		
		零件名称		固定钳口铁	数量	30		第 1 页
材料种类	板料	材料牌号	45 钢	毛坯尺寸		80 mm×30 mm×20 mm		共 1 页
工序号	工序内容	车间	设备	工具			计划工时	实际工时
				夹具	量具	刃具		
1	毛坯下料	准备	锯床	平口钳	钢直尺	锯条		
2								
3								
更改号		拟定	校正		审核		批准	
更改者								
日期								

三、制定加工步骤

写出表中各图表示的加工内容和操作要点。

固定钳口铁的加工步骤

加工内容	操作要点	图　示
		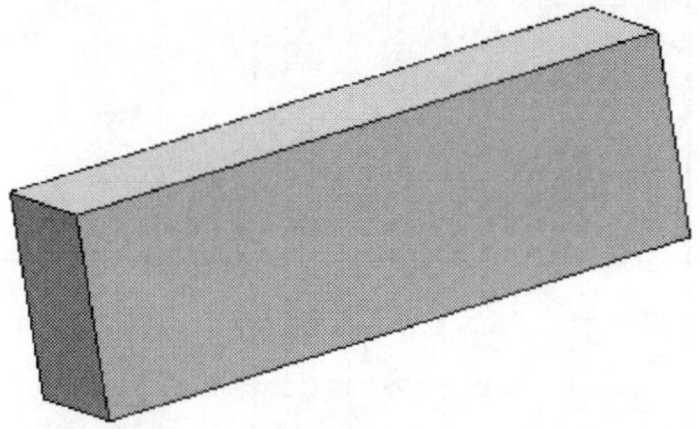
		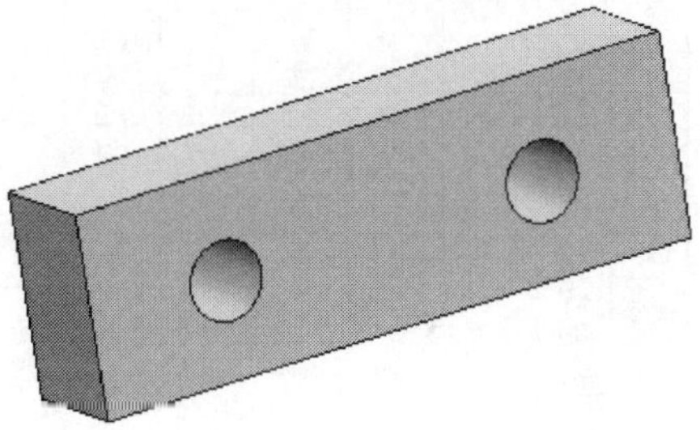
		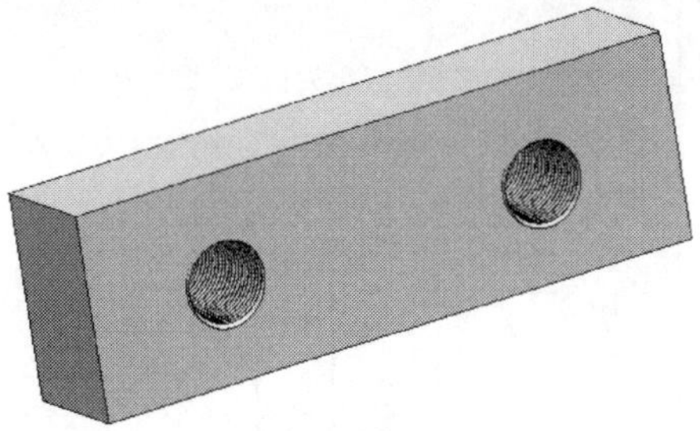

四、填写工序卡

填写固定钳口铁铣削六面体工序的工序卡。其他工序的工序卡可参考该工序卡制定。

固定钳口铁加工工序卡

固定钳口铁加工工序卡	产品型号		零件图号			
	产品名称	固定钳口铁	零件名称	固定钳口铁	共　页	第　页

// 0.05 A
M10
M10
A
$15^{\ 0}_{-0.05}$
⊥ 0.04 A
17
40 ± 0.05
$23^{\ 0}_{-0.05}$
74 ± 0.05
Ra 3.2

车间	工序号	工序名称	材料牌号
	2	铣削六面体	45 钢
毛坯种类	毛坯外形尺寸	每毛坯可制件数	每台件数
设备名称	设备型号	设备编号	同时加工件数

夹具编号	夹具名称	切削液	
工位器具编号	工位器具名称	工序工时（分）	
		准终	单件

工步号	工步内容	工艺装备	主轴转速	切削速度	进给量	切削深度	进给次数	工步工时	
			r/min	m/min	mm/min	mm		机动	辅助

续表

工步号	工步内容	工艺装备	主轴转速	切削速度	进给量	切削深度	进给次数	工步工时	
			r/min	m/min	mm/min	mm		机动	辅助

	设计（日 期）	校对（日期）	审核（日期）	标准化（日期）	会签（日期）

学习活动2　固定钳口铁的加工

学习目标

1. 能正确、规范地装夹铣刀，并根据加工要求，运用适当对刀方法正确对刀。

2. 能正确选择粗、精基准，正确装夹、调整零件位置，满足加工要求。

3. 在固定钳口铁加工过程中，能严格按铣床操作规程操作铣床，按工步切削；根据切削状态调整切削用量，保证正常切削；适时检测，保证精度。

4. 能按车间规定整理现场，保养机床，填写保养记录。

5. 能按车间规定填写交接班记录。

建议学时　6学时

学习过程

一、填写领料单并领取材料

领　料　单

领料部门		产品名称及数量				
领料单号		零件名称及数量				
材料名称	材料规格及型号	单位	数量		单价	总价
			领	实发		
材料用途	材料仓库	主管	发料数量	领料部门	主管	领料数量

二、填写工量具清单并领取工量具

工量具清单

序号	工量具名称	规格	数量	需领用

三、进行加工

在实训场地按下面操作过程的提示，完成固定钳口铁的加工。

操 作 过 程

操作步骤	操作要点
1. 加工前准备工作	按操作规程，加工零件前首先要检查各手柄的原始位置是否正常及各进给方向的停止挡铁是否在限位柱范围内，是否牢靠，然后完成机床润滑、预热等准备工作
2. 外形加工	根据毛坯尺寸，选择合适规格的端铣刀刀盘，并调整主轴转速至所选转速，进给量调至所选数值。检查工件毛坯，确定各平面的铣削深度。用平口钳装夹，完成各平面的铣削工作。去毛刺，测量工件，如不符合要求，须重新铣削，直至满足图样要求

续表

操作步骤	操作要点
3. 钻孔、攻螺纹	（1）钻孔 1）选择和安装钻头，并调整主轴转速 2）划出孔的中心线和检验线 3）进行钻加工 ①用平口钳装夹工件，装夹工件时，将工件上抬至离导轨面 20 ~ 50 mm，以免在钻孔时钻伤平口钳。启动铣床对刀、试切、调整工件位置 ②加工第一个孔。先进行试切，然后用游标卡尺测量孔径及孔的坐标尺寸，正确后将纵向、横向进给紧固，钻削工件 ③加工第二个孔。调整工件位置即移动工作台，控制两孔的中心距（40 ±0.05）mm，将纵向进给紧固，钻削工件 （2）换装倒角刀，将螺纹孔孔口倒角，利用手动加工方法攻螺纹，攻螺纹时应注意丝锥轴线与孔的轴线重合；攻螺纹过程中应经常退刀，并加注润滑液，攻完螺纹后，丝锥反向退出工件，卸下工件，去除毛刺
4. 加工后整理工作	加工完毕后，按图样要求进行自检，正确放置零件，并进行产品交接确认；按国家环保相关规定和车间要求整理现场，正确处置废油液等废弃物；按车间规定填写交接班记录（见附表 1）和设备日常保养记录卡（见附表 2）

四、评价

按以下内容对活动完成情况进行评价。

项目	内容	完成情况
设备及工量刃具的使用维护	正确进行铣床的操作	
	正确进行铣床的润滑	
	工量刃具的合理使用与保养	
安全文明生产	正确执行安全技术操作规程	
	正确穿戴工作服	

学习活动 3　固定钳口铁的测量及误差分析

学习目标

1. 能利用量具完成固定钳口铁各要素的测量。

2. 能根据固定钳口铁的测量结果，分析误差产生的原因。

3. 能正确、规范地使用工量具，并对其进行合理保养和维护。

建议学时　1 学时

学习过程

一、测量工件

对工件进行测量，并将结果填写在测量结果记录表中。

测量结果记录表

序号	测量内容	测量项目	测量结果	结论
1	尺寸	(74 ±0.05) mm		
		$15_{-0.05}^{0}$ mm		
		$23_{-0.05}^{0}$ mm		
		M10（2 处）		
		(40 ±0.05) mm		
		17 mm		
2	几何公差	// 0.05 A		
		⊥ 0.04 A		
3	表面粗糙度	*Ra*3.2 μm		
固定钳口铁测量结论				

二、误差分析

根据测量结果进行误差分析，将分析结果填写在误差分析表中。

误差分析表

测量内容		零件名称	
测量工具和仪器		测量人员	
班级		日期	

一、测量目的：

二、测量步骤：

三、测量要领：

四、结论（误差分析）：

质量问题	产生原因	修正措施
外形尺寸误差		
几何公差误差		
表面粗糙度误差		
其他误差		

学习活动4　总 结 评 价

学习目标

1. 能结合自身任务完成情况，正确、规范地撰写工作总结（心得体会）。

2. 能按分组情况，分别派代表展示工作成果，说明本次任务的完成情况，并作分析总结。

3. 能就本次任务中出现的问题提出改进措施。

4. 能对学习与工作进行反思总结，并能与他人开展良好合作，进行有效的沟通。

建议学时　1学时

学习过程

一、个人、小组评价

把个人制作好的固定钳口铁先进行分组展示，再由小组推荐代表作必要的介绍。在展示的过程中，以小组为单位进行评价；评价完成后，根据其他小组成员对本组展示成果的评价意见进行归纳总结。完成如下项目：

（1）展示的固定钳口铁符合技术标准吗？

合格□　不良□　返修□　报废□

（2）与其他小组相比，你认为本小组的固定钳口铁工艺：

工艺优化□　工艺合理□　工艺一般□

（3）本小组介绍成果表达是否清晰？

很好□　一般，常补充□　不清晰□

（4）本小组演示固定钳口铁测量方法操作正确吗？

正确□　　部分正确□　　不正确□

（5）本小组演示操作时遵循了“6S”的工作要求吗？

符合工作要求□　　忽略了部分要求□　　完全没有遵循□

（6）本小组成员的团队创新精神如何？

良好□　　一般□　　不足□

工作总结（心得体会）

二、教师评价

教师对展示的作品分别作评价。

（1）找出各组的优点进行点评。

（2）对展示过程中各组的缺点进行点评，提出改进方法。

（3）对整个任务完成中出现的亮点和不足进行点评。

学习任务四评价表

班级：________　　姓名：________　　学号：________

项目	自我评价			小组评价			教师评价		
	10～9	8～6	5～1	10～9	8～6	5～1	10～9	8～6	5～1
	占总评 10%			占总评 30%			占总评 60%		
学习活动 1									
学习活动 2									
学习活动 3									
学习活动 4									
协作精神									
纪律观念									
表达能力									
分析能力									
工作态度									
任务总体表现									
小计									
总评									

任课教师：________　　年　　月　　日

学习任务五　活动钳身的铣削

学习目标

1. 能独立识读活动钳身图样和工艺卡，明确加工技术要求和加工工艺。

2. 能正确选择符合加工技术要求的刀具、夹具、量具。

3. 能综合考虑零件材料、刀具材料、加工性质、机床特性等因素独立确定切削用量。

4. 能正确制定活动钳身的加工步骤，并独立填写加工工序卡。

5. 在活动钳身加工过程中，能严格按铣床操作规程操作铣床，按工步切削；根据切削状态调整切削用量，保证正常切削；适时检测，保证精度。

6. 能按车间规定整理现场，保养机床，填写保养记录。

7. 能按车间规定填写交接班记录。

8. 能完成活动钳身的测量，并根据测量结果分析误差产生的原因。

9. 能主动获取有效信息，展示工作成果，对学习与工作进行反思总结，并能与他人开展良好合作，进行有效的沟通。

24 学时

工作情境描述

根据学习任务一制定的加工计划，完成平口钳活动钳身的加工，数量为 30 件，工期为 4 天。

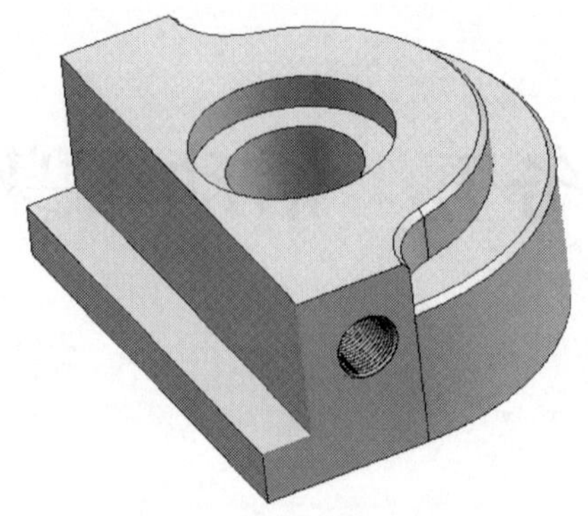

工作流程与活动

1. 制定活动钳身的加工工艺
2. 活动钳身的加工
3. 活动钳身的测量及误差分析
4. 总结评价

学习活动 1　制定活动钳身的加工工艺

学习目标

1. 能识读活动钳身图样和工艺卡，明确加工技术要求和加工工艺。

2. 能正确选择符合加工技术要求的刀具、夹具、量具。

3. 能正确制定活动钳身的加工步骤。

4. 能综合考虑零件材料、刀具材料、加工性质、机床特性等因素确定切削用量。

5. 能正确、规范地填写活动钳身的加工工序卡。

建议学时　6 学时

学习过程

一、识读零件图

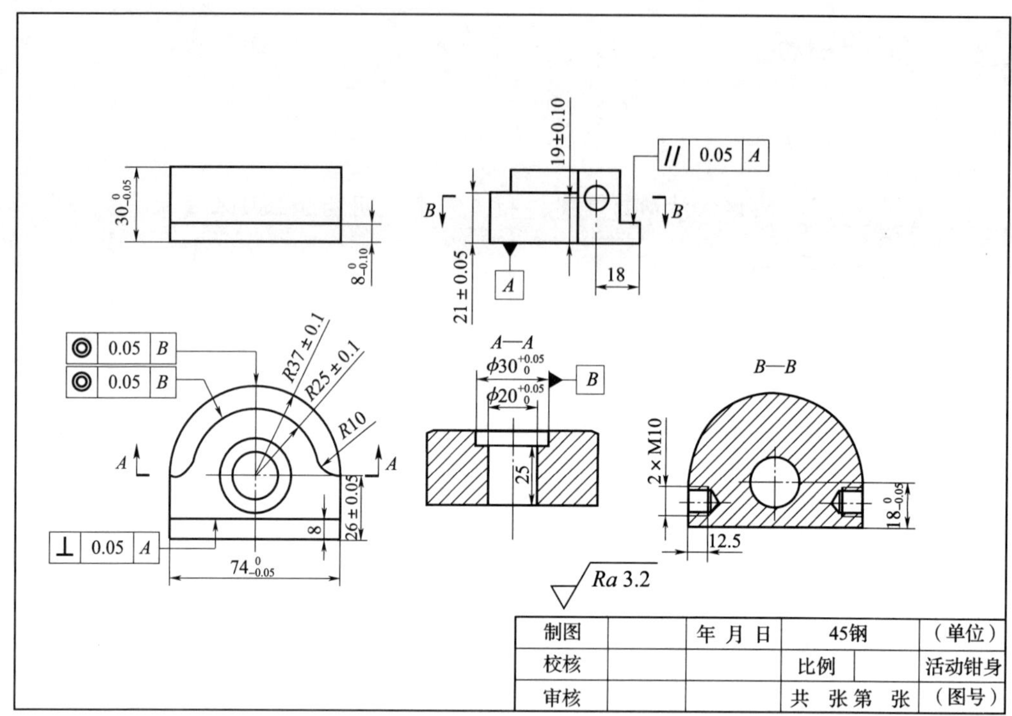

二、填写工艺卡

活动钳身加工工艺卡

单位名称		产品名称		活动钳身		图号		
		零件名称		活动钳身	数量	30		第1页
材料种类	板料	材料牌号	45 钢	毛坯尺寸		85 mm×68 mm×35 mm		共1页
工序号	工序内容	车间	设备	工具			计划工时	实际工时
				夹具	量具	刃具		
1	毛坯下料	准备	锯床	平口钳	钢直尺	锯条		
2								
3								
4								
5								
6								
更改号		拟定	校正		审核		批准	
更改者								
日期								

三、制定加工步骤

写出表中各图表示的加工内容和操作要点。

活动钳身的加工步骤

加工内容	操作要点	图　　示
		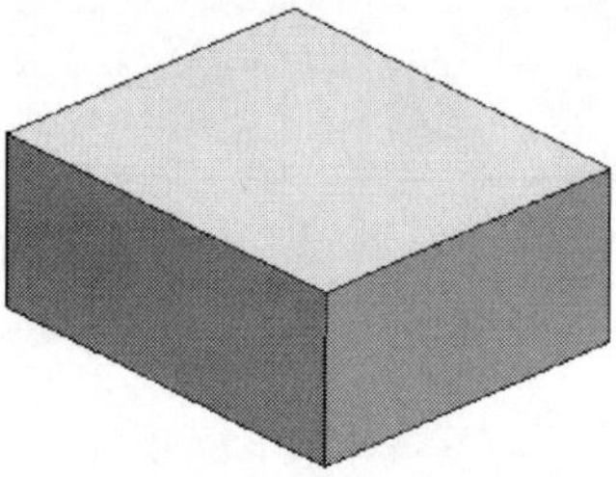
		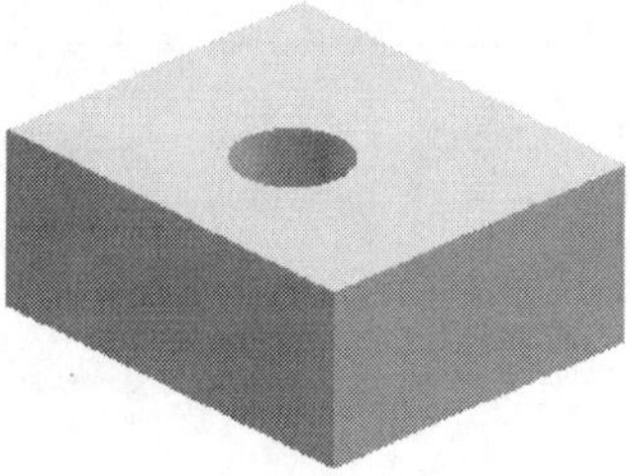
		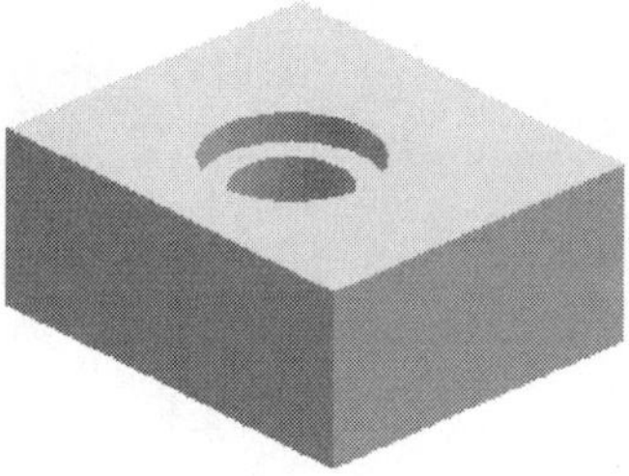

续表

加工内容	操作要点	图　示

		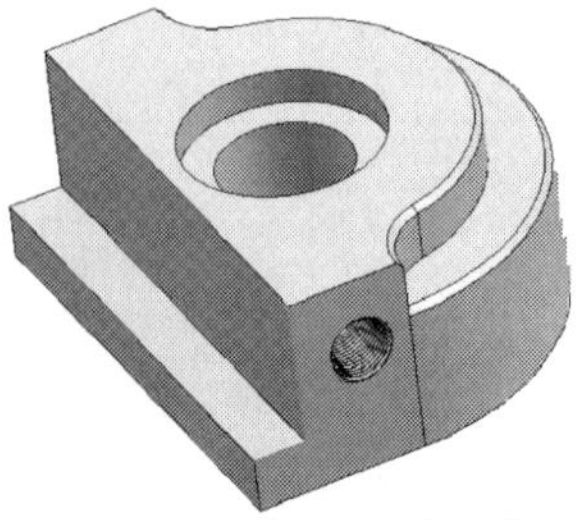

四、填写工序卡

填写活动钳身铣削加工中钻、镗孔工序的工序卡。其他工序的工序卡可参照该工序卡制定。

活动钳身加工工序卡

活动钳身加工工序卡	产品型号		零件图号			
	产品名称	活动钳身	零件名称	活动钳身	共　页	第　页

30$^{0}_{-0.05}$　8$^{0}_{-0.10}$　19±0.10　21±0.05　18　// 0.05 A　B　A
◎ 0.05 B　◎ 0.05 B　R37±0.1　R25±0.1　R10　26±0.05　8　74$^{0}_{-0.05}$　⊥ 0.05 A　A
A—A　$\phi30^{+0.05}_{0}$　$\phi20^{+0.05}_{0}$　B　25
B—B　2×M10　12.5　18$^{0}_{-0.05}$
Ra 3.2

车间	工序号	工序名称	材料牌号
	3	钻、镗孔	45 钢
毛坯种类	毛坯外形尺寸	每毛坯可制件数	每台件数
设备名称	设备型号	设备编号	同时加工件数

夹具编号	夹具名称	切削液	
工位器具编号	工位器具名称	工序工时（分）	
		准终	单件

工步号	工步内容	工艺装备	主轴转速	切削速度	进给量	切削深度	进给次数	工步工时	
			r/min	m/min	mm/min	mm		机动	辅助

续表

工步号	工步内容	工艺装备	主轴转速	切削速度	进给量	切削深度	进给次数	工步工时	
			r/min	m/min	mm/min	mm		机动	辅助

	设计（日 期）	校对（日期）	审核（日期）	标准化（日期）	会签（日期）

学习活动2　活动钳身的加工

学习目标

1. 能正确、规范地装夹铣刀，并根据加工要求，运用适当对刀方法正确对刀。

2. 能正确选择粗、精基准，正确装夹、调整零件位置，满足加工要求。

3. 在活动钳身加工过程中，能严格按铣床操作规程操作铣床，按工步切削；根据切削状态调整切削用量，保证正常切削；适时检测，保证精度。

4. 能按车间规定整理现场，保养机床，填写保养记录。

5. 能按车间规定填写交接班记录。

建议学时　14学时

学习过程

一、填写领料单并领取材料

领　料　单

领料部门		产品名称及数量				
领料单号		零件名称及数量				
材料名称	材料规格及型号	单位	数量		单价	总价
			领	实发		
材料用途	材料仓库	主管	发料数量	领料部门	主管	领料数量

二、填写工量具清单并领取工量具

工量具清单

序号	工量具名称	规格	数量	需领用

三、进行加工

在实训场地按下面操作过程的提示，完成活动钳身的加工。

操作过程

操作步骤	操 作 要 点
1. 加工前准备工作	按操作规程，加工零件前首先要检查各手柄的原始位置是否正常及各进给方向的停止挡铁是否在限位柱范围内，是否牢靠，然后完成机床润滑、预热等准备工作
2. 外形加工	根据毛坯尺寸，选择合适规格的端铣刀刀盘，并调整主轴转速至所选转速，进给量调至所选数值。检查工件毛坯，确定各平面的铣削深度。用平口钳装夹，完成各平面的铣削工作。去毛刺，测量工件，如不符合要求，须重新铣削，直至满足图样要求

续表

操作步骤	操作要点
3. 钻、镗孔	（1）钻孔 1）选择和安装钻头，并调整主轴转速 2）用平口钳装夹，进行钻加工。装夹工件时，将工件向上抬至离导轨面 20～50 mm，以免在钻孔时钻伤平口钳。对刀试切调整位置，用游标卡尺测量孔的位置公差正确后，将纵向、横向进给紧固，钻削工件。检查合格后，卸下工件，去毛刺 （2）镗孔 1）安装镗刀杆、镗刀 2）镗孔。由于本任务为阶台孔的镗削加工，镗削完成 $\phi 20^{+0.05}_{0}$ mm 孔后再镗削 $\phi 30^{+0.05}_{0}$ mm、深 5 mm 的阶台孔。镗削时，采用试镗和测量调整的方法控制孔径及孔的中心位置，使孔的中心与铣床主轴中心对正。固定工作台后，粗镗孔，通过测量留精镗孔余量 0.20 mm 左右。精镗孔时，为保证加工精度，需重新调整切削用量，采用试切的方法控制孔的尺寸精度并达到图样要求，采用升降进给的加工方式完成孔的加工。测量合格后，去毛刺，卸下工件 注意事项： （1）保持铣床的精度，调整好工作台导轨的间隙，防止因间隙过大而松动引起加工中的振动 （2）准确调整立铣头的“零”位，防止镗出椭圆孔 （3）正确选择定位基准，基准面之间要相互垂直 （4）在不影响镗削加工的前提下，镗刀杆应尽量选得粗一些、短一些，使刀杆具有足够的刚度 （5）镗孔应分粗镗和精镗
4. 铣削阶台	（1）铣削阶台时选用 ϕ30 mm 立铣刀，主轴转速选择为 235 r/min，进给量选择为 37.5 mm/min （2）将选择好的铣刀安装到铣床上，并调整主轴转速至所选转速，进给量调至所选数值 （3）将工件面 1（见下图）靠向固定钳身，辅助基准面放在合适的平行垫铁上，调整好工件位置并夹紧，用铜棒将工件轻轻敲实，直至用手不能晃动垫铁为合适。对刀调整加工阶台，在铣削过程中，应分粗、精加工并且适时测量，以利于保证工

续表

操作步骤	操作要点
4. 铣削阶台	件的尺寸精度和几何精度。检查无误后，卸下工件，用锉刀仔细去除毛刺后，综合检验各项技术要求 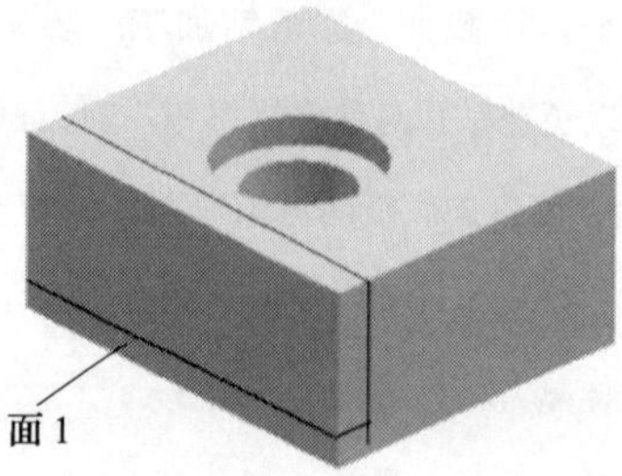 面 1 注意：由于阶台深度较深，操作时要注意分粗、精加工，并严格按照操作规程进行操作，以免发生事故
5. 铣削曲面	（1）划出曲面的中心线及轮廓线 （2）把选择好的立铣刀安装在铣床上 （3）利用压板和螺栓，把工件固定在回转工作台上，用心轴定位使 $\phi20^{+0.05}_{0}$ mm 定位孔与回转工作台同轴 （4）铣削 $R37$ mm 凸圆弧。调整工作台，校正铣刀轴线与回转工作台重合，纵向移动 $A=37$ mm $+r$，r 为铣刀半径。找正直线部分与 $R37$ mm 凸圆弧的切点并切入，转动回转工作台进给铣至 $R37$ mm 凸圆弧与直线的切点后切出，达到图样要求 （5）铣削 $R25$ mm 凸圆弧。调整工作台，校正铣刀轴线与回转工作台重合，纵向移动 $A=25$ mm $+r$，r 为铣刀半径。找正直线部分与 $R25$ mm 凸圆弧的切点并切入，转动回转工作台进给铣至 $R25$ mm 凸圆弧与 $R10$ mm 凹圆弧的切点后切出，达到图样要求 （6）工件倒角。换装倒角铣刀并调整切削用量，调整工作台，使铣刀与工件棱边刚刚接触，根据图样调整切削深度，采用回转工作台进给，依次铣出工件表面的两个圆弧倒角，去毛刺，卸下工件
6. 钻孔、攻螺纹	（1）钻孔 1）选择和安装钻头，并调整主轴转速 2）划出孔的中心线和检验线，并打样冲眼 3）用平口钳装夹工件，装夹工件时，将工件上抬至离导轨面 20 ~ 50 mm，以免在钻孔时钻伤平口钳。启动钻床对刀、试切、调整工件位置

续表

操作步骤	操 作 要 点
6. 钻孔、攻螺纹	4）钻孔。用游标卡尺测量孔径及孔的坐标尺寸，正确后将纵向、横向进给紧固，钻削工件 （2）换装倒角刀将螺纹孔孔口倒角，利用手动加工方法攻螺纹，攻螺纹时应注意丝锥轴线与孔的轴线重合；攻螺纹过程中应经常退刀，并加注润滑液，攻完螺纹后，丝锥反向退出工件，卸下工件，去除毛刺 （3）采用上述方法，加工活动钳身上的另一个相同尺寸的螺纹孔
7. 加工后整理工作	加工完毕后，按图样要求进行自检，正确放置零件，并进行产品交接确认；按国家环保相关规定和车间要求整理现场，正确处置废油液等废弃物；按车间规定填写交接班记录（见附表1）和设备日常保养记录卡（见附表2）

四、评价

按以下内容对活动完成情况进行评价。

项目	内容	完成情况
设备及工量刃具的使用维护	正确进行铣床的操作	
	正确进行铣床的润滑	
	工量刃具的合理使用与保养	
安全文明生产	正确执行安全技术操作规程	
	正确穿戴工作服	

学习活动3　活动钳身的测量及误差分析

学习目标

1. 能利用量具完成活动钳身各要素的测量。

2. 能根据活动钳身的测量结果，分析误差产生的原因。

3. 能正确、规范地使用工量具，并对其进行合理保养和维护。

建议学时　2学时

学习过程

一、测量工件

对工件进行测量，并将结果填写在测量结果记录表中。

测量结果记录表

序号	测量内容	测量项目	测量结果	结论
1	尺寸	(26 ±0.05) mm		
		$18_{-0.05}^{0}$ mm		
		$\phi30_{0}^{+0.05}$ mm		
		$\phi20_{0}^{+0.05}$ mm		
		25 mm		
		$8_{-0.10}^{0}$ mm		
		8 mm		
		$30_{-0.05}^{0}$ mm		
		$74_{-0.05}^{0}$ mm		

续表

序号	测量内容	测量项目	测量结果	结论
1	尺寸	*R*（25 ±0.1）mm		
		R（37 ±0.1）mm		
		*R*10 mm		
		*C*1（2 处）		
		（21 ±0.05）mm		
		（19 ±0.10）mm		
		18 mm		
		2 × M10 × 12.5 mm		
2	几何公差	// 0.05 *A*		
		⊥ 0.05 *A*		
		◎ 0.05 *B*（2 处）		
3	表面粗糙度	*Ra*3.2 μm		
活动钳身测量结论				

二、误差分析

根据测量结果进行误差分析，将分析结果填写在误差分析表中。

误差分析表

测量内容		零件名称	
测量工具和仪器		测量人员	
班级		日期	

续表

一、测量目的：

二、测量步骤：

三、测量要领：

四、结论（误差分析）：

质量问题	产生原因	修正措施
外形尺寸误差		
几何公差误差		
表面粗糙度误差		
其他误差		

学习活动4 总 结 评 价

学习目标

1. 能结合自身任务完成情况，正确、规范地撰写工作总结（心得体会）。

2. 能按分组情况，分别派代表展示工作成果，说明本次任务的完成情况，并作分析总结。

3. 能就本次任务中出现的问题提出改进措施。

4. 能对学习与工作进行反思总结，并能与他人开展良好合作，进行有效的沟通。

建议学时 2学时

学习过程

一、个人、小组评价

把个人制作好的活动钳身先进行分组展示，再由小组推荐代表作必要的介绍。在展示的过程中，以小组为单位进行评价；评价完成后，根据其他小组成员对本组展示成果的评价意见进行归纳总结。完成如下项目：

（1）展示的活动钳身符合技术标准吗？

合格□ 不良□ 返修□ 报废□

（2）与其他小组相比，你认为本小组的活动钳身工艺：

工艺优化□ 工艺合理□ 工艺一般□

（3）本小组介绍成果表达是否清晰？

很好□ 一般，常补充□ 不清晰□

（4）本小组演示活动钳身测量方法操作正确吗？

正确□　　　　　　部分正确□　　　　　　不正确□

（5）本小组演示操作时遵循了“6S”的工作要求吗？

符合工作要求□　　忽略了部分要求□　　完全没有遵循□

（6）本小组成员的团队创新精神如何？

良好□　　　　　　一般□　　　　　　　不足□

工作总结（心得体会）

二、教师评价

教师对展示的作品分别作评价。

（1）找出各组的优点进行点评。

（2）对展示过程中各组的缺点进行点评，提出改进方法。

（3）对整个任务完成中出现的亮点和不足进行点评。

学习任务五评价表

班级：＿＿＿＿＿＿　　姓名：＿＿＿＿＿＿　　学号：＿＿＿＿＿＿

项目	自我评价			小组评价			教师评价		
	10 ~ 9	8 ~ 6	5 ~ 1	10 ~ 9	8 ~ 6	5 ~ 1	10 ~ 9	8 ~ 6	5 ~ 1
	占总评 10%			占总评 30%			占总评 60%		
学习活动 1									
学习活动 2									
学习活动 3									
学习活动 4									
协作精神									
纪律观念									
表达能力									
分析能力									
工作态度									
任务总体表现									
小计									
总评									

任课教师：＿＿＿＿　　年　　月　　日

学习任务六　活动钳口铁的铣削

学习目标

1. 能独立识读活动钳口铁图样和工艺卡，明确加工技术要求和加工工艺。

2. 能正确选择符合加工技术要求的刀具、夹具、量具。

3. 能综合考虑零件材料、刀具材料、加工性质、机床特性等因素独立确定切削用量。

4. 能正确制定活动钳口铁的加工步骤，并独立填写加工工序卡。

5. 在活动钳口铁加工过程中，能严格按铣床操作规程操作铣床，按工步切削；根据切削状态调整切削用量，保证正常切削；适时检测，保证精度。

6. 能按车间规定整理现场，保养机床，填写保养记录。

7. 能按车间规定填写交接班记录。

8. 能完成活动钳口铁的测量，并根据测量结果分析误差产生的原因。

9. 能主动获取有效信息，展示工作成果，对学习与工作进行反思总结，并能与他人开展良好合作，进行有效的沟通。

20 学时

工作情景描述

根据学习任务一制定的加工计划，完成平口钳活动钳口铁的加工，数量为 30 件，工期为 3 天。

工作流程与活动

1. 制定活动钳口铁的加工工艺
2. 活动钳口铁的加工
3. 活动钳口铁的测量及误差分析
4. 总结评价

学习活动1　制定活动钳口铁的加工工艺

学习目标

1. 能识读活动钳口铁图样和工艺卡，明确加工技术要求和加工工艺。

2. 能正确选择符合加工技术要求的刀具、夹具、量具。

3. 能正确制定活动钳口铁的加工步骤。

4. 能综合考虑零件材料、刀具材料、加工性质、机床特性等因素确定切削用量。

5. 能正确、规范地填写活动钳口铁的加工工序卡。

建议学时　4学时

学习过程

一、识读零件图

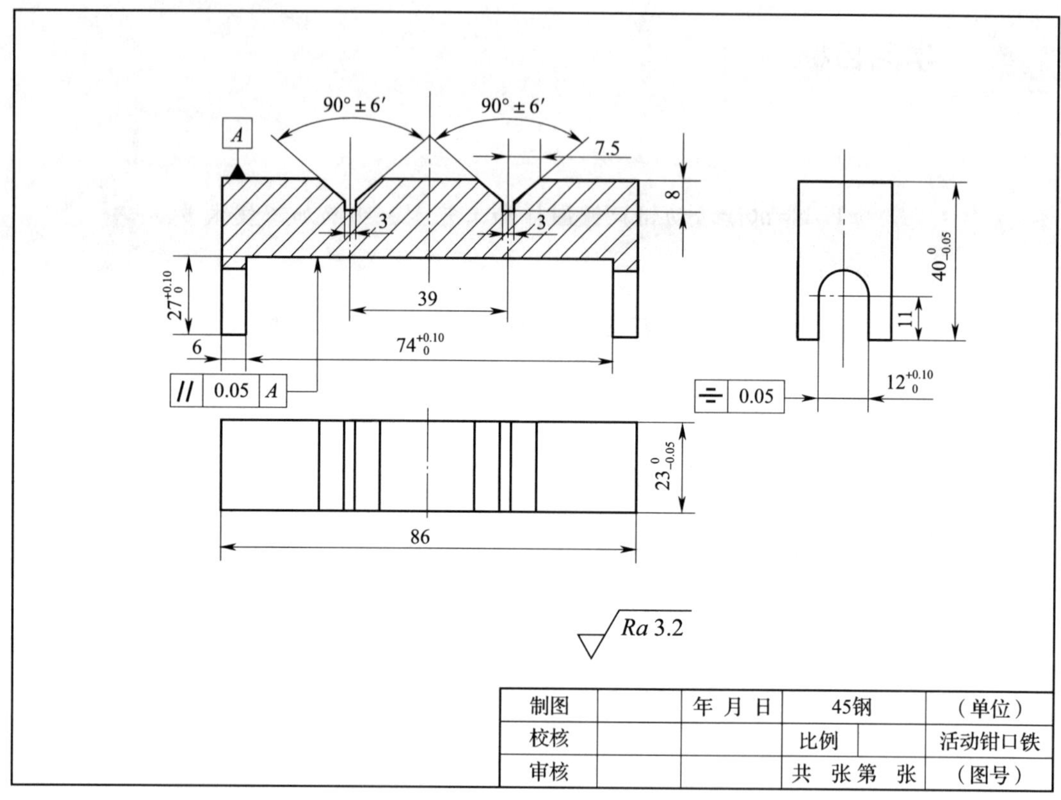

二、填写工艺卡

活动钳口铁加工工艺卡

单位名称		产品名称			活动钳口铁		图号	
		零件名称			活动钳口铁	数量	30	第 1 页
材料种类	板料	材料牌号	45 钢	毛坯尺寸		90 mm ×45 mm×30 mm		共 1 页
工序号	工序内容	车间	设备	工具			计划工时	实际工时
				夹具	量具	刃具		
1	毛坯下料	准备	锯床	平口钳	钢直尺	锯条		
2								
3								
4								
5								
更改号		拟定	校正		审核		批准	
更改者								
日期								

三、制定加工步骤

写出表中各图表示的加工内容和操作要点。

活动钳口铁的加工步骤

加工内容	操作要点	图示

		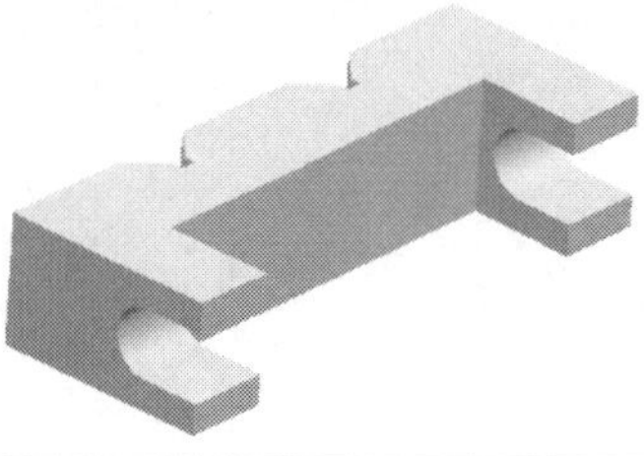

四、填写工序卡

填写活动钳口铁铣削 V 形槽工序的工序卡。其他工序的工序卡可参照该工序卡制定。

活动钳口铁加工工序卡

活动钳口铁加工工序卡	产品型号		零件图号			
	产品名称	活动钳口铁	零件名称	活动钳口铁	共 页	第 页

车间	工序号	工序名称	材料牌号
	3	铣削 V 形槽	45 钢
毛坯种类	毛坯外形尺寸	每毛坯可制件数	每 台 件 数
设备名称	设备型号	设备编号	同时加工件数

夹具编号	夹具名称	切削液	
工位器具编号	工位器具名称	工序工时（分）	
		准终	单件

工步号	工步内容	工艺装备	主轴转速	切削速度	进给量	切削深度	进给次数	工步工时	
			r/min	m/min	mm/min	mm		机动	辅助

续表

工步号	工步内容	工艺装备	主轴转速	切削速度	进给量	切削深度	进给次数	工步工时	
			r/min	m/min	mm/min	mm		机动	辅助

设计（日期）	校对（日期）	审核（日期）	标准化（日期）	会签（日期）

学习活动 2　活动钳口铁的加工

学习目标

1. 能正确、规范地装夹铣刀，并根据加工要求，运用适当对刀方法正确对刀。

2. 能正确选择粗、精基准，正确装夹、调整零件位置，满足加工要求。

3. 在活动钳口铁加工过程中，能严格按铣床操作规程操作铣床，按工步切削；根据切削状态调整切削用量，保证正常切削；适时检测，保证精度。

4. 能按车间规定整理现场，保养机床，填写保养记录。

5. 能按车间规定填写交接班记录。

建议学时　12 学时

学习过程

一、填写领料单并领取材料

领　料　单

领料部门		产品名称及数量				
领料单号		零件名称及数量				
材料名称	材料规格及型号	单位	数量		单价	总价
			领	实发		
材料用途	材料仓库	主管	发料数量	领料部门	主管	领料数量

二、填写工量具清单并领取工量具

工量具清单

序号	工量具名称	规格	数量	需领用

三、进行加工

在实训场地按下面操作过程的提示，完成活动钳口铁的加工。

操作过程

操作步骤	操作要点
1. 加工前准备工作	按操作规程，加工零件前首先要检查各手柄的原始位置是否正常及各进给方向的停止挡铁是否在限位柱范围内，是否牢靠，然后完成机床润滑、预热等准备工作
2. 外形加工	根据毛坯尺寸，选择合适规格的端铣刀刀盘，并调整主轴转速至所选转速，进给量调至所选数值。检查工件毛坯，确定各平面的铣削深度。用平口钳装夹，完成各平面的铣削工作。去毛刺，测量工件，如不符合要求，须重新铣削，直至满足图样要求
3. 铣削 V 形槽	（1）划出 V 形槽的中心线及轮廓线 （2）用平口钳装夹工件，辅助基准面放在合适的平行垫铁上，调整好工件位置并夹紧，用铜棒将工件轻轻敲实，以用手不能晃动垫铁为合适 （3）铣削 V 形槽 1）铣削窄槽。在卧式铣床上安装锯片铣刀，铣刀厚度为 3 mm。对刀调整加工窄槽，在铣削过程中适时测量，保证定位尺寸 23.5 mm、宽度 3 mm、深度 8 mm 及中心距 39 mm。检查无误后，卸下工件，用锉刀仔细去除毛刺后，综合检验各项技术要求

续表

操作步骤	操作要点
3. 铣削V形槽	2）铣削V形槽。在立式铣床上安装立铣刀并调整铣削用量，采用倾斜立铣头的方法加工V形槽，将立铣头倾斜45°，在铣削过程中，应分粗、精加工并且适时测量，以利于保证工件定位尺寸23.5 mm、中心距39 mm和宽度15 mm。检查无误后，卸下工件，用锉刀仔细去除毛刺后，综合检验各项技术要求
4. 铣削直角沟槽	（1）铣削台阶面时选用ϕ30 mm立铣刀，主轴转速选择为235 r/min，进给量选择为37.5 mm/min （2）将选择好的铣刀安装到铣床上，并调整主轴转速至所选转速，进给量调至所选数值 （3）将工件基准面靠向固定钳口，辅助基准面放在合适的平行垫铁上，调整好工件位置并夹紧，用铜棒将工件轻轻敲实，直至用手不能晃动垫铁为合适。对刀调整加工直角沟槽，在铣削过程中，应分粗、精加工并且适时测量，以利于保证工件直角沟槽定位尺寸6 mm、宽度$74^{+0.10}_{0}$ mm和深度$27^{+0.10}_{0}$ mm。检查无误后，卸下工件，用锉刀仔细去除毛刺后，综合检验各项技术要求 注意：由于直角沟槽深度较深，操作时要注意分粗、精加工，并严格按照操作规程进行操作，以免发生事故
5. 铣削工件两侧半封闭直角沟槽	（1）将选择好的铣刀套及铣刀等依次安装到铣床上，并调整主轴转速至所选转速，进给量调至所选数值 （2）将工件基准面靠向固定钳口，用角尺校正辅助基准面与工作台台面垂直，调整好工件位置并夹紧。对刀调整加工半封闭直角沟槽，在铣削过程中适时测量，保证工件宽度$12^{+0.10}_{0}$ mm、深度17 mm和对称度0.05 mm。检查无误后，卸下工件，用锉刀仔细去除毛刺，然后在工件翻转180°基准面不变的情况下进行装夹，按同样方法铣削另一边，检查无误后，卸下工件，用锉刀仔细去除毛刺，综合检验各项技术要求
6. 加工后整理工作	加工完毕后，按图样要求进行自检，正确放置零件，并进行产品交接确认；按国家环保相关规定和车间要求整理现场，正确处置废油液等废弃物；按车间规定填写交接班记录（见附表1）和设备日常保养记录卡（见附表2）

四、评价

按以下内容对活动完成情况进行评价。

项目	内容	完成情况
设备及工量刃具的使用维护	正确进行铣床的操作	
	正确进行铣床的润滑	
	工量刃具的合理使用与保养	
安全文明生产	正确执行安全技术操作规程	
	正确穿戴工作服	

学习活动3　活动钳口铁的测量及误差分析

学习目标

1. 能利用量具完成活动钳口铁各要素的测量。

2. 能根据活动钳口铁的测量结果，分析误差产生的原因。

3. 能正确、规范地使用工量具，并对其进行合理保养和维护。

建议学时　2学时

学习过程

一、测量工件

对工件进行测量，并将结果填写在测量结果记录表中。

测量结果记录表

序号	测量内容	测量项目	测量结果	结论
1	尺寸	$40_{-0.05}^{0}$ mm		
		86 mm		
		$23_{-0.05}^{0}$ mm		
		3 mm（2处）		
		8 mm（2处）		
		39 mm		
		23.5 mm		
		7.5 mm（2处）		
		90°±6′（2处）		
		$27_{0}^{+0.10}$ mm		

续表

序号	测量内容	测量项目	测量结果	结论
1	尺寸	$74^{+0.10}_{0}$ mm		
		6 mm		
		11 mm		
		$12^{+0.10}_{0}$ mm（2 处）		
2	几何公差	// 0.05 A		
		⌯ 0.05		
3	表面粗糙度	$Ra3.2$ μm		
活动钳口铁测量结论				

二、误差分析

根据测量结果进行误差分析，将分析结果填写在误差分析表中。

误差分析表

测量内容		零件名称	
测量工具和仪器		测量人员	
班级		日期	

一、测量目的：

二、测量步骤：

三、测量要领：

四、结论（误差分析）：

续表

质量问题	产生原因	修正措施
尺寸误差		
几何公差误差		
表面粗糙度误差		
其他误差		

学习活动4　总结评价

学习目标

1. 能结合自身任务完成情况，正确、规范地撰写工作总结（心得体会）。

2. 能按分组情况，分别派代表展示工作成果，说明本次任务的完成情况，并作分析总结。

3. 能就本次任务中出现的问题提出改进措施。

4. 能对学习与工作进行反思总结，并能与他人开展良好合作，进行有效的沟通。

建议学时　2学时

学习过程

一、个人、小组评价

把个人制作好的活动钳口铁先进行分组展示，再由小组推荐代表作必要的介绍。在展示的过程中，以小组为单位进行评价；评价完成后，根据其他小组成员对本组展示成果的评价意见进行归纳总结。完成如下项目：

（1）展示的活动钳口铁符合技术标准吗？

合格□　　不良□　　返修□　　报废□

（2）与其他小组相比，你认为本小组的活动钳口铁工艺：

工艺优化□　　工艺合理□　　工艺一般□

（3）本小组介绍成果表达是否清晰？

很好□　　一般，常补充□　　不清晰□

（4）本小组演示活动钳口铁测量方法操作正确吗？

正确□　　　　部分正确□　　　　不正确□

（5）本小组演示操作时遵循了“6S”的工作要求吗？

符合工作要求□　　忽略了部分要求□　　完全没有遵循□

（6）本小组成员的团队创新精神如何？

良好□　　　　一般□　　　　不足□

工作总结（心得体会）

二、教师评价

教师对展示的作品分别作评价。

（1）找出各组的优点进行点评。

（2）对展示过程中各组的缺点进行点评，提出改进方法。

（3）对整个任务完成中出现的亮点和不足进行点评。

学习任务六评价表

班级：________　　姓名：________　　学号：________

项目	自我评价			小组评价			教师评价		
	10 ~ 9	8 ~ 6	5 ~ 1	10 ~ 9	8 ~ 6	5 ~ 1	10 ~ 9	8 ~ 6	5 ~ 1
	占总评 10%			占总评 30%			占总评 60%		
学习活动 1									
学习活动 2									
学习活动 3									
学习活动 4									
协作精神									
纪律观念									
表达能力									
分析能力									
工作态度									
任务总体表现									
小计									
总评									

任课教师：________　　年　　月　　日

学习任务七　丝杠、螺母的铣削

学习目标

1. 能独立识读丝杠、螺母图样和工艺卡，明确加工技术要求和加工工艺。

2. 能正确选择符合加工技术要求的刀具、夹具、量具。

3. 能综合考虑零件材料、刀具材料、加工性质、机床特性等因素独立确定切削用量。

4. 能正确制定丝杠、螺母的加工步骤，并独立填写加工工序卡。

5. 在丝杠、螺母加工过程中，能严格按铣床操作规程操作铣床，按工步切削；根据切削状态调整切削用量，保证正常切削；适时检测，保证精度。

6. 能按车间规定整理现场，保养机床，填写保养记录。

7. 能按车间规定填写交接班记录。

8. 能完成丝杠、螺母的测量，并根据测量结果分析误差产生的原因。

9. 能主动获取有效信息，展示工作成果，对学习与工作进行反思总结，并能与他人开展良好合作，进行有效的沟通。

建议学时

12 学时

工作情境描述

根据学习任务一制定的加工计划，完成平口钳丝杠、螺母的加工，数量为 30 件，工期为 2 天。

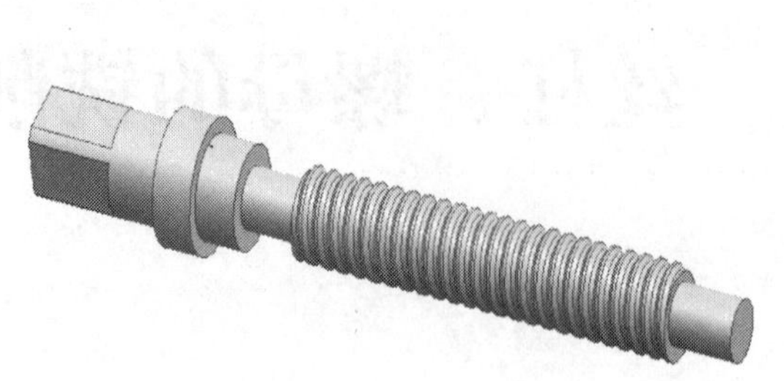

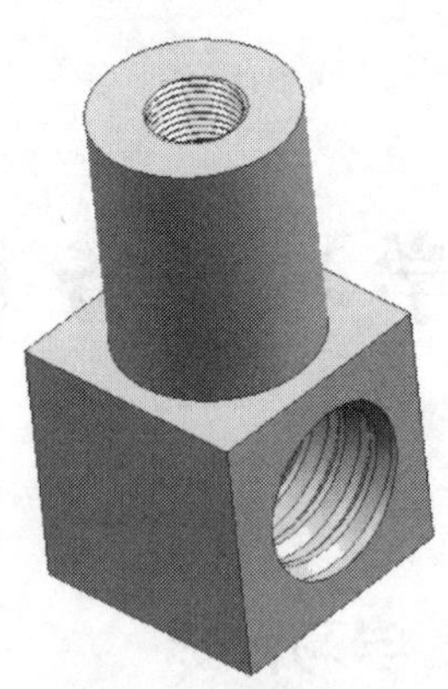

工作流程与活动

1. 制定丝杠、螺母的加工工艺
2. 丝杠、螺母的加工
3. 丝杠、螺母的测量及误差分析
4. 总结评价

学习活动1　制定丝杠、螺母的加工工艺

学习目标

1. 能识读丝杠、螺母图样和工艺卡，明确加工技术要求和加工工艺。

2. 能正确选择符合加工技术要求的刀具、夹具、量具。

3. 能正确制定丝杠、螺母的加工步骤。

4. 能综合考虑零件材料、刀具材料、加工性质、机床特性等因素确定切削用量。

5. 能正确、规范地填写丝杠、螺母的加工工序卡。

建议学时　2学时

学习过程

一、识读零件图

18
$\phi18^{0}_{-0.02}$
$\phi12$
Tr16×3
$\phi22$
$\phi18$
$14^{0}_{-0.10}$
15
5
9
6
105
$\phi12^{0}_{-0.02}$
$14^{0}_{-0.10}$
168
Ra 3.2
制图
年 月 日
45钢
（单位）
校核
比例
丝杠
审核
共 张第 张
（图号）

52
28
23
⊥ 0.04 A
// 0.05 A
A
14
Tr16×3
$\phi28$
$30^{0}_{-0.05}$
M12
$30^{0}_{-0.05}$
Ra 3.2
制图
年 月 日
45钢
（单位）
校核
比例
螺母
审核
共 张第 张
（图号）

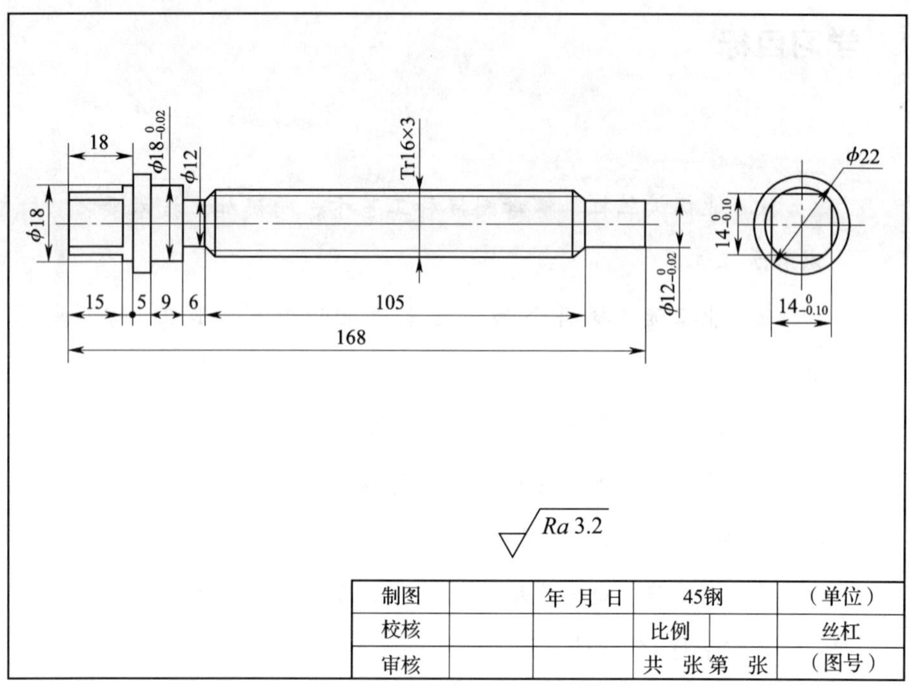

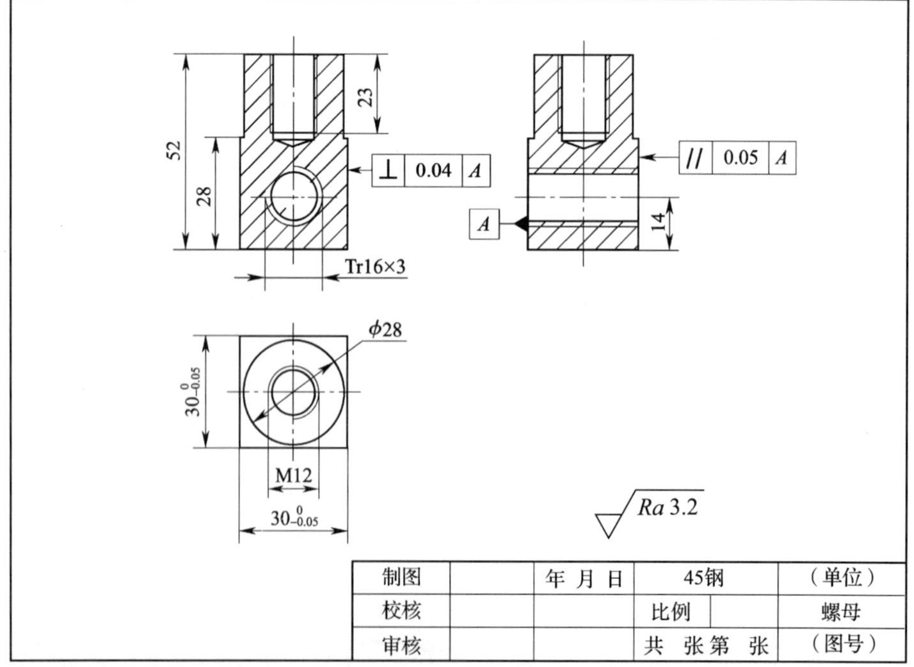

二、填写工艺卡

丝杠加工工艺卡

<table>
<tr><td rowspan="2">单位名称</td><td rowspan="2"></td><td colspan="3">产品名称</td><td colspan="2">丝杠</td><td>图号</td><td></td></tr>
<tr><td colspan="3">零件名称</td><td>丝杠、螺母</td><td>数量</td><td>30</td><td>第 1 页</td></tr>
<tr><td>材料种类</td><td>棒料</td><td>材料牌号</td><td>45 钢</td><td colspan="2">毛坯尺寸</td><td colspan="2">173 mm×ϕ25 mm</td><td>共 1 页</td></tr>
<tr><td rowspan="2">工序号</td><td rowspan="2">工序内容</td><td rowspan="2">车间</td><td rowspan="2">设备</td><td colspan="3">工具</td><td rowspan="2">计划工时</td><td rowspan="2">实际工时</td></tr>
<tr><td>夹具</td><td>量具</td><td>刃具</td></tr>
<tr><td>1</td><td>毛坯下料</td><td>准备</td><td>锯床</td><td>平口钳</td><td>钢直尺</td><td>锯条</td><td></td><td></td></tr>
<tr><td>2</td><td>车削外形</td><td>车工</td><td>CA6140</td><td>三爪自定心卡盘</td><td>游标卡尺、深度游标卡尺、公法线千分尺</td><td>外圆车刀、车槽刀、梯形螺纹车刀、中心钻</td><td></td><td></td></tr>
<tr><td>3</td><td></td><td></td><td></td><td></td><td></td><td></td><td></td><td></td></tr>
<tr><td>更改号</td><td></td><td>拟定</td><td colspan="2">校正</td><td colspan="2">审核</td><td colspan="2">批准</td></tr>
<tr><td>更改者</td><td></td><td></td><td colspan="2"></td><td colspan="2"></td><td colspan="2"></td></tr>
<tr><td>日期</td><td></td><td></td><td colspan="2"></td><td colspan="2"></td><td colspan="2"></td></tr>
</table>

螺母加工工艺卡

<table>
<tr><td rowspan="2">单位名称</td><td rowspan="2"></td><td colspan="3">产品名称</td><td colspan="2">螺母</td><td>图号</td><td></td></tr>
<tr><td colspan="3">零件名称</td><td>丝杠、螺母</td><td>数量</td><td>30</td><td>第 1 页</td></tr>
<tr><td>材料种类</td><td>板料</td><td>材料牌号</td><td>45 钢</td><td colspan="2">毛坯尺寸</td><td colspan="2">57 mm×35 mm×35 mm</td><td>共 1 页</td></tr>
<tr><td rowspan="2">工序号</td><td rowspan="2">工序内容</td><td rowspan="2">车间</td><td rowspan="2">设备</td><td colspan="3">工具</td><td rowspan="2">计划工时</td><td rowspan="2">实际工时</td></tr>
<tr><td>夹具</td><td>量具</td><td>刃具</td></tr>
<tr><td>1</td><td>毛坯下料</td><td>准备</td><td>锯床</td><td>平口钳</td><td>钢直尺</td><td>锯条</td><td></td><td></td></tr>
<tr><td>2</td><td></td><td></td><td></td><td></td><td></td><td></td><td></td><td></td></tr>
<tr><td>3</td><td>车削螺母</td><td>车工</td><td>CA6140</td><td>三爪自定心卡盘</td><td>游标卡尺、深度游标卡尺、T 形螺纹环规</td><td>外圆车刀、梯形螺纹车刀</td><td></td><td></td></tr>
<tr><td>4</td><td></td><td></td><td></td><td></td><td></td><td></td><td></td><td></td></tr>
<tr><td>更改号</td><td></td><td>拟定</td><td colspan="2">校正</td><td colspan="2">审核</td><td colspan="2">批准</td></tr>
<tr><td>更改者</td><td></td><td></td><td colspan="2"></td><td colspan="2"></td><td colspan="2"></td></tr>
<tr><td>日期</td><td></td><td></td><td colspan="2"></td><td colspan="2"></td><td colspan="2"></td></tr>
</table>

三、制定加工步骤

写出表中各图表示的加工内容和操作要点。

丝杠的加工步骤

加工内容	操作要点	图示
		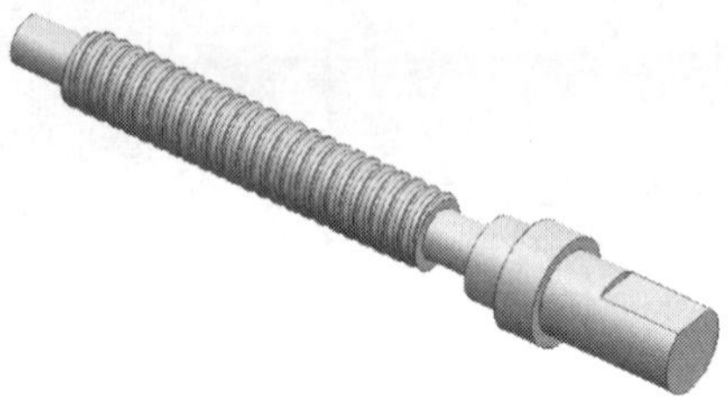

		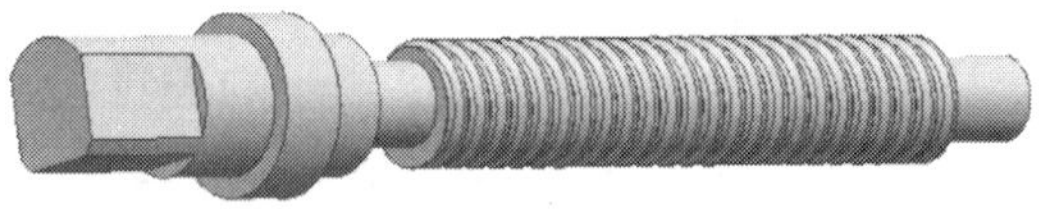

螺母的加工步骤

加工内容	操作要点	图示
		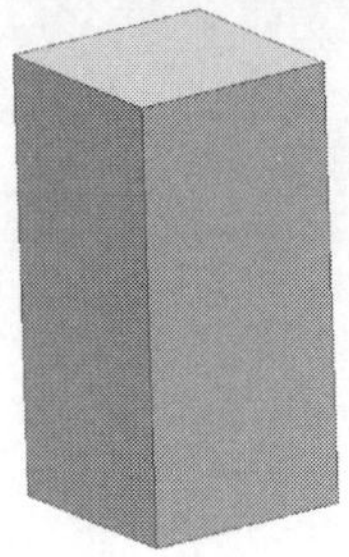
		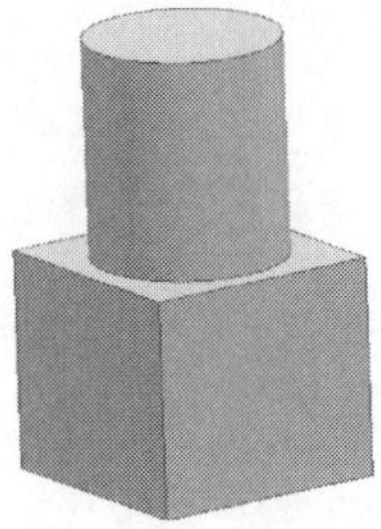

		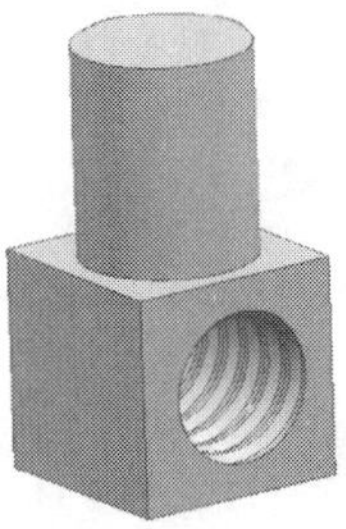

续表

加工内容	操作要点	图示

		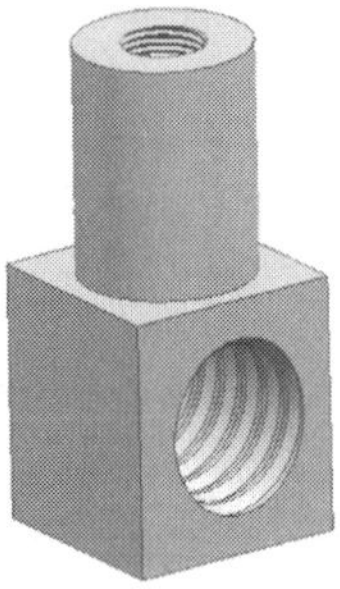

四、填写工序卡

填写铣削丝杠方头工序的工序卡。其他工序的工序卡可参照该工序卡制定。

丝杠加工工序卡

丝杠加工工序卡	产品型号		零件图号			
	产品名称	丝杠	零件名称	丝杠	共　页	第　页

车间	工序号	工序名称	材料牌号
	3	铣削丝杠方头	45 钢
毛坯种类	毛坯外形尺寸	每毛坯可制件数	每台件数
设备名称	设备型号	设备编号	同时加工件数

夹具编号	夹具名称	切削液	
工位器具编号	工位器具名称	工序工时（分）	
		准终	单件

工步号	工步内容	工艺装备	主轴转速	切削速度	进给量	切削深度	进给次数	工步工时	
			r/min	m/min	mm/min	mm		机动	辅助

续表

工步号	工步内容	工艺装备	主轴转速	切削速度	进给量	切削深度	进给次数	工步工时	
			r/min	m/min	mm/min	mm		机动	辅助

设计（日期）	校对（日期）	审核（日期）	标准化（日期）	会签（日期）

学习活动2　丝杠、螺母的加工

学习目标

1. 能正确、规范地装夹铣刀，并根据加工要求，运用适当对刀方法正确对刀。

2. 能正确选择粗、精基准，正确装夹、调整零件位置，满足加工要求。

3. 在丝杠、螺母加工过程中，能严格按铣床操作规程操作铣床，按工步切削；根据切削状态调整切削用量，保证正常切削；适时检测，保证精度。

4. 能按车间规定整理现场，保养机床，填写保养记录。

5. 能按车间规定填写交接班记录。

建议学时　8学时

学习过程

一、填写领料单并领取材料

领　料　单

领料部门		产品名称及数量				
领料单号		零件名称及数量				
材料名称	材料规格及型号	单位	数量		单价	总价
			领	实发		
材料用途	材料仓库	主管	发料数量	领料部门	主管	领料数量

二、填写工量具清单并领取工量具

工量具清单

序号	工量具名称	规格	数量	需领用

三、进行加工

在实训场地按下面操作过程的提示，完成丝杠、螺母的加工。

操作过程

操作步骤	操作要点
1. 加工前准备工作	按操作规程，加工零件前首先要检查各手柄的原始位置是否正常及各进给方向的停止挡铁是否在限位柱范围内，是否牢靠，然后完成机床润滑、预热等准备工作
2. 铣削丝杠方头	（1）选择 ϕ16 mm 键槽铣刀，调整主轴转速至所选转速，进给量调至所选数值 （2）工件采用分度头装夹，装夹时注意不要夹伤工件，可以垫上铜皮 （3）分度计算并调整分度盘。工件等分数 $z=4$，经计算 $n=\frac{40}{z}=\frac{40}{4}=10$ r，由于是整圈数，故可选择任何孔盘的孔圈数进行调整分度手柄 （4）校正工件圆跳动，校正工件上素线和侧素线与工作台进给方向平行 （5）铣削加工。铣削时先粗铣，铣完一面时分度头旋转 180°即工件转动 180°，铣削对面。用游标卡尺测量，实际测量的数值与图样上标注的数值的差即为加工余量值。精铣时，工作台上升加工余量值的一半进行铣削，然后分度头旋转 180°即工件转动 180°后进行铣削，适时测量，直至工件尺寸符合图样要求。铣削完第二面后，分度头旋转 90°即工件转动 90°，铣削第三面。铣削完第三面后，分度头旋转 180°即工件转动 180°，铣削第三面的对面（第四面）。用游标卡尺测量，直至工件尺寸符合图样要求，卸下工件，去除毛刺

续表

操作步骤	操作要点
3. 铣削螺母	（1）铣削外形。根据毛坯尺寸，选择合适规格的端铣刀刀盘，并调整主轴转速至所选转速，进给量调至所选数值。检查工件毛坯，确定各平面的铣削深度。用平口钳装夹，完成各平面的铣削工作。去毛刺，测量工件，如不符合要求，须重新铣削，直至满足图样要求 （2）钻孔、攻螺纹 1）划出螺纹孔的中心线及检验线 2）把选择好的钻头安装在铣床上，并调整铣床主轴转速 3）利用平口钳装夹工件，夹紧前应调整好工件安装位置，以钻头钻出工件时不钻伤平口钳导轨为宜，即工件底面距平口钳导轨 15 ~ 20 mm 的距离 4）调整好位置后钻孔，用游标卡尺测量孔径及孔的坐标尺寸，合格后换装倒角刀，将螺纹孔孔口倒角，利用手动加工方式攻螺纹，攻螺纹时应注意丝锥轴线应与孔的轴线重合，攻螺纹过程中应经常退刀，并加注切削液，攻完螺纹后，丝锥反方向退出工件，卸下工件，去除毛刺
4. 加工后整理工作	加工完毕后，按图样要求进行自检，正确放置零件，并进行产品交接确认；按国家环保相关规定和车间要求整理现场，正确处置废油液等废弃物；按车间规定填写交接班记录（见附表 1）和设备日常保养记录卡（见附表 2）

四、评价

按以下内容对活动完成情况进行评价。

项目	内容	完成情况
设备及工量刃具的使用维护	正确进行铣床的操作	
	正确进行铣床的润滑	
	工量刃具的合理使用与保养	
安全文明生产	正确执行安全技术操作规程	
	正确穿戴工作服	

学习活动3　丝杠、螺母的测量及误差分析

学习目标

1. 能利用量具完成丝杠、螺母各要素的测量。

2. 能根据丝杠、螺母的测量结果，分析误差产生的原因。

3. 能正确、规范地使用工量具，并对其进行合理保养和维护。

建议学时　1学时

学习过程

一、测量工件

对工件进行测量，并将结果填写在测量结果记录表中。

丝杠测量结果记录表

序号	测量内容	测量项目	测量结果	结论
1	尺寸	$14_{-0.10}^{0}$ mm		
		15 mm		
2	表面粗糙度	$Ra3.2$ μm		
丝杠测量结论				

螺母测量结果记录表

序号	测量内容	测量项目	测量结果	结论
1	尺寸	$30_{-0.05}^{0}$ mm		
		$30_{-0.05}^{0}$ mm		
		52 mm		

续表

序号	测量内容	测量项目	测量结果	结论
1	尺寸	M12		
		23 mm		
2	几何公差	// 0.05 A		
		⊥ 0.04 A		
3	表面粗糙度	*Ra*3. 2 μm		
螺母测量结论				

二、误差分析

根据测量结果进行误差分析，将分析结果填写在误差分析表中。

误差分析表

测量内容		零件名称	
测量工具和仪器		测量人员	
班级		日期	

一、测量目的：

二、测量步骤：

三、测量要领：

四、结论（误差分析）：

续表

质量问题	产生原因	修正措施
尺寸误差		
几何公差误差		
表面粗糙度误差		
其他误差		

学习活动4　总 结 评 价

学习目标

1. 能结合自身任务完成情况，正确、规范地撰写工作总结（心得体会）。

2. 能按分组情况，分别派代表展示工作成果，说明本次任务的完成情况，并作分析总结。

3. 能就本次任务中出现的问题提出改进措施。

4. 能对学习与工作进行反思总结，并能与他人开展良好合作，进行有效的沟通。

建议学时　1学时

学习过程

一、个人、小组评价

把个人制作好的丝杠、螺母先进行分组展示，再由小组推荐代表作必要的介绍。在展示的过程中，以小组为单位进行评价；评价完成后，根据其他小组成员对本组展示成果的评价意见进行归纳总结。完成如下项目：

（1）展示的丝杠、螺母符合技术标准吗？

合格□　　不良□　　返修□　　报废□

（2）与其他小组相比，你认为本小组的丝杠、螺母工艺：

工艺优化□　　工艺合理□　　工艺一般□

（3）本小组介绍成果表达是否清晰？

很好□　　一般，常补充□　　不清晰□

（4）本小组演示丝杠、螺母测量方法操作正确吗？

正确□　　部分正确□　　不正确□

（5）本小组演示操作时遵循了“6S”的工作要求吗？

符合工作要求□　　忽略了部分要求□　　完全没有遵循□

（6）本小组成员的团队创新精神如何？

良好□　　一般□　　不足□

工作总结（心得体会）

二、教师评价

教师对展示的作品分别作评价。

（1）找出各组的优点进行点评。

（2）对展示过程中各组的缺点进行点评，提出改进方法。

（3）对整个任务完成中出现的亮点和不足进行点评。

学习任务七评价表

班级：＿＿＿＿＿　　姓名：＿＿＿＿＿　　学号：＿＿＿＿

项目	自我评价			小组评价			教师评价		
	10 ~ 9	8 ~ 6	5 ~ 1	10 ~ 9	8 ~ 6	5 ~ 1	10 ~ 9	8 ~ 6	5 ~ 1
	占总评 10%			占总评 30%			占总评 60%		
学习活动 1									
学习活动 2									
学习活动 3									
学习活动 4									
协作精神									
纪律观念									
表达能力									
分析能力									
工作态度									
任务总体表现									
小计									
总评									

任课教师：＿＿＿＿　　年　　月　　日

学习任务八　支承板的铣削

学习目标

1．能独立识读支承板图样和工艺卡，明确加工技术要求和加工工艺。

2．能正确选择符合加工技术要求的刀具、夹具、量具。

3．能综合考虑零件材料、刀具材料、加工性质、机床特性等因素独立确定切削用量。

4．能正确制定支承板的加工步骤，并独立填写加工工序卡。

5．在支承板加工过程中，能严格按铣床操作规程操作铣床，按工步切削；根据切削状态调整切削用量，保证正常切削；适时检测，保证精度。

6．能按车间规定整理现场，保养机床，填写保养记录。

7．能按车间规定填写交接班记录。

8．能完成支承板的测量，并根据测量结果分析误差产生的原因。

9．能主动获取有效信息，展示工作成果，对学习与工作进行反思总结，并能与他人开展良好合作，进行有效的沟通。

12 学时

工作情境描述

根据学习任务一制定的加工计划，完成平口钳支承板的加工，数量为 30 件，工期为 2 天。

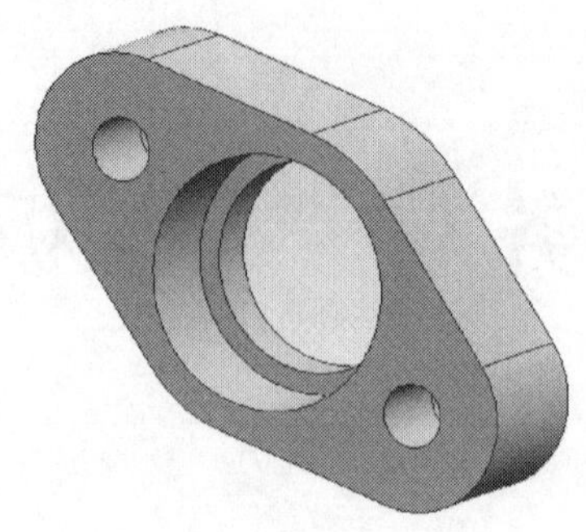

工作流程与活动

1. 制定支承板的加工工艺
2. 支承板的加工
3. 支承板的测量及误差分析
4. 总结评价

学习活动1　制定支承板的加工工艺

学习目标

1. 能识读支承板图样和工艺卡，明确加工技术要求和加工工艺。

2. 能正确选择符合加工技术要求的刀具、夹具、量具。

3. 能正确制定支承板的加工步骤。

4. 能综合考虑零件材料、刀具材料、加工性质、机床特性等因素确定切削用量。

5. 能正确、规范地填写支承板的加工工序卡。

建议学时　2学时

学习过程

一、识读零件图

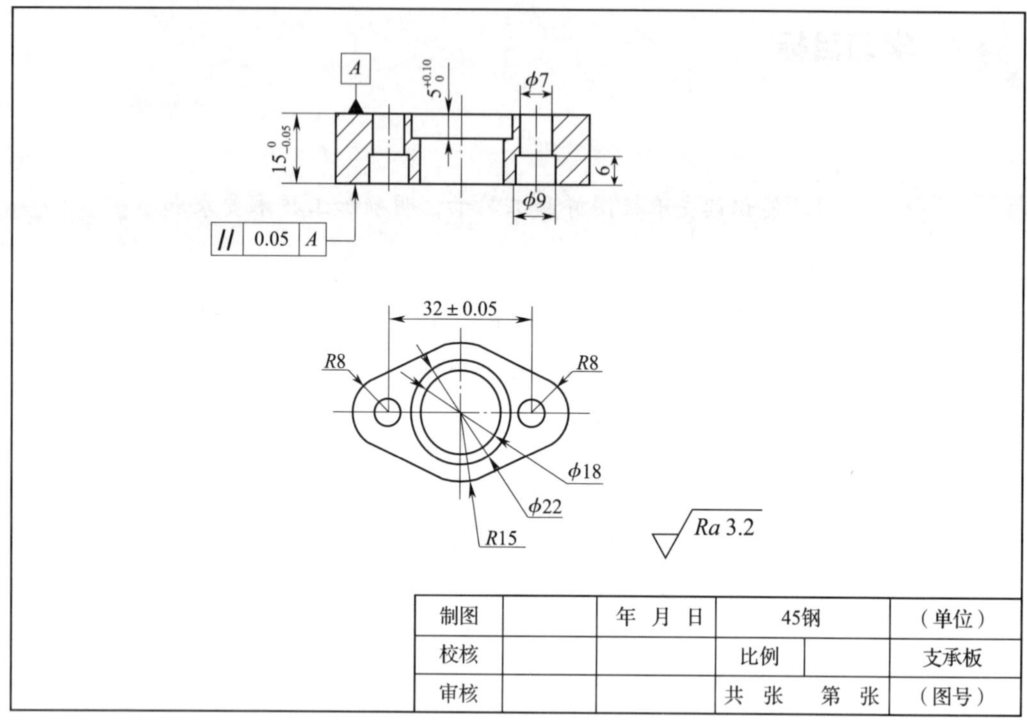

二、填写工艺卡

支承板加工工艺卡

<table>
<tr><td rowspan="2">单位名称</td><td rowspan="2"></td><td colspan="2">产品名称</td><td colspan="2">支承板</td><td>图号</td><td></td></tr>
<tr><td colspan="2">零件名称</td><td>支承板</td><td>数量</td><td>30</td><td>第 1 页</td></tr>
<tr><td>材料种类</td><td>板料</td><td>材料牌号</td><td>45 钢</td><td>毛坯尺寸</td><td colspan="2">52 mm × 35 mm × 20 mm</td><td>共 1 页</td></tr>
</table>

<table>
<tr><td rowspan="2">工序号</td><td rowspan="2">工序内容</td><td rowspan="2">车间</td><td rowspan="2">设备</td><td colspan="3">工具</td><td rowspan="2">计划工时</td><td rowspan="2">实际工时</td></tr>
<tr><td>夹具</td><td>量具</td><td>刃具</td></tr>
<tr><td>1</td><td>毛坯下料</td><td>准备</td><td>锯床</td><td>平口钳</td><td>钢直尺</td><td>锯条</td><td></td><td></td></tr>
<tr><td>2</td><td></td><td></td><td></td><td></td><td></td><td></td><td></td><td></td></tr>
<tr><td>3</td><td></td><td></td><td></td><td></td><td></td><td></td><td></td><td></td></tr>
<tr><td>4</td><td></td><td></td><td></td><td></td><td></td><td></td><td></td><td></td></tr>
<tr><td>5</td><td></td><td></td><td></td><td></td><td></td><td></td><td></td><td></td></tr>
</table>

续表

工序号	工序内容	车间	设备	工具			计划工时	实际工时
				夹具	量具	刃具		
6								

更改号		拟定	校正	审核	批准
更改者					
日期					

三、制定加工步骤

写出表中各图表示的加工内容和操作要点。

支承板的加工步骤

加工内容	操作要点	图示

		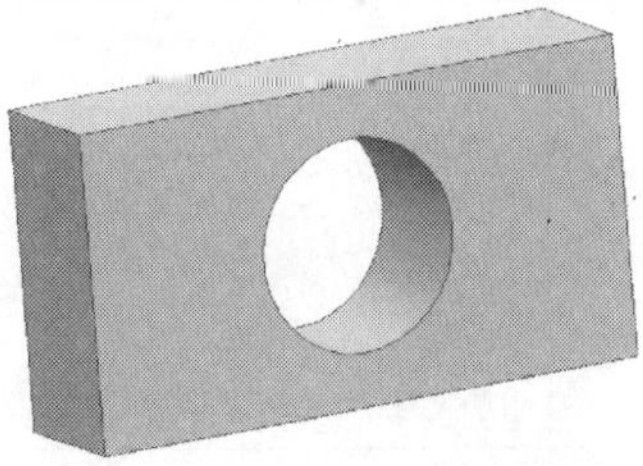
		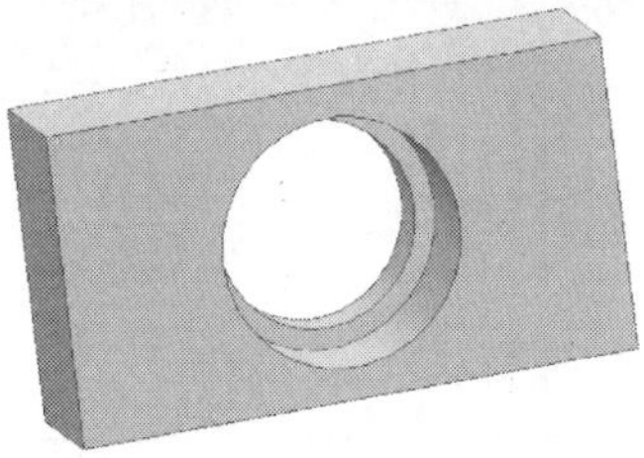
		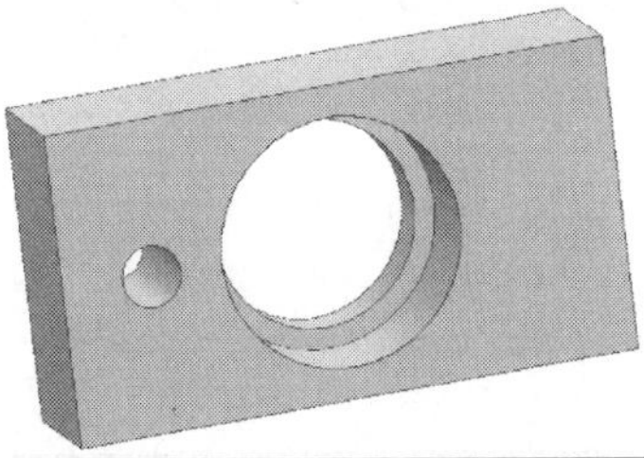

续表

加工内容	操作要点	图示
		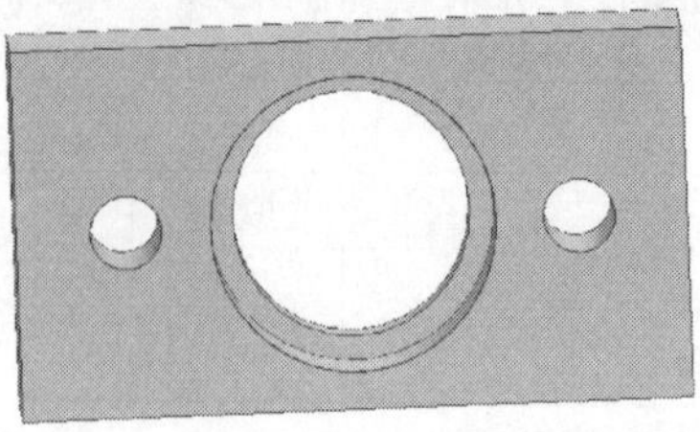
		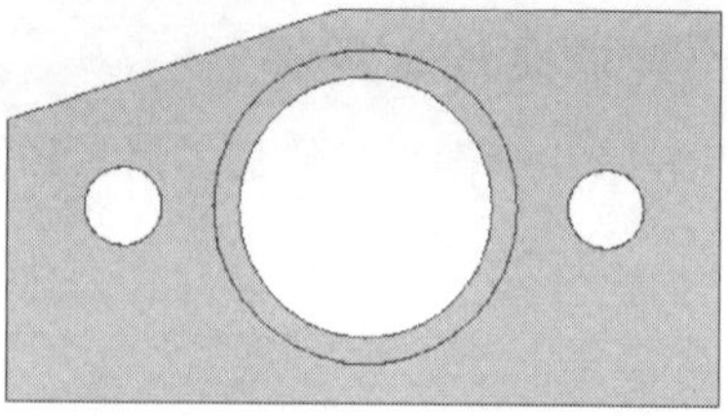
		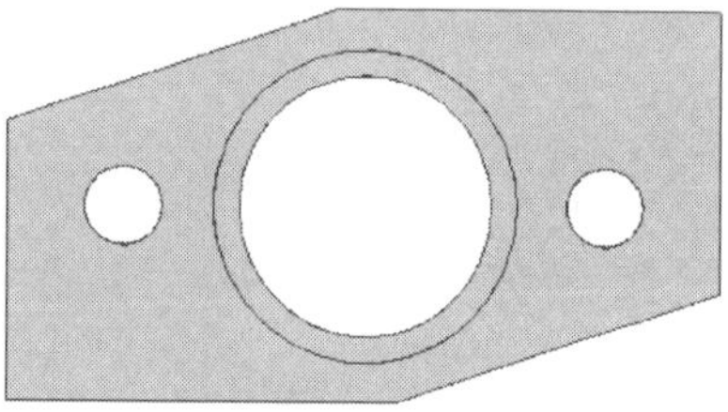
		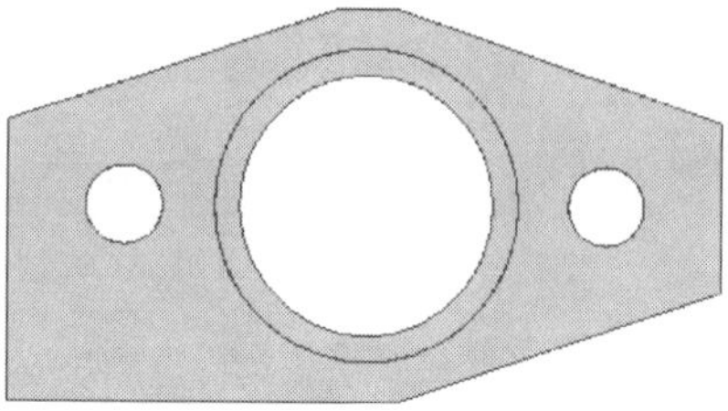
		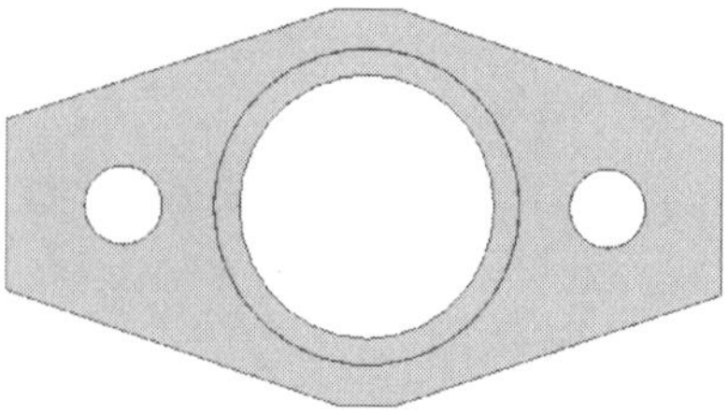
		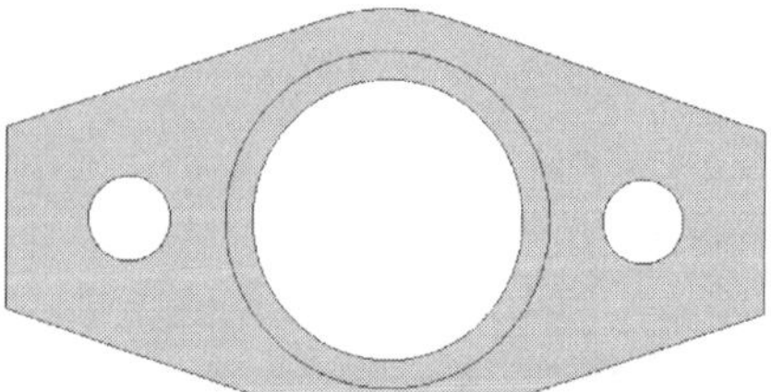

续表

加工内容	操作要点	图示
		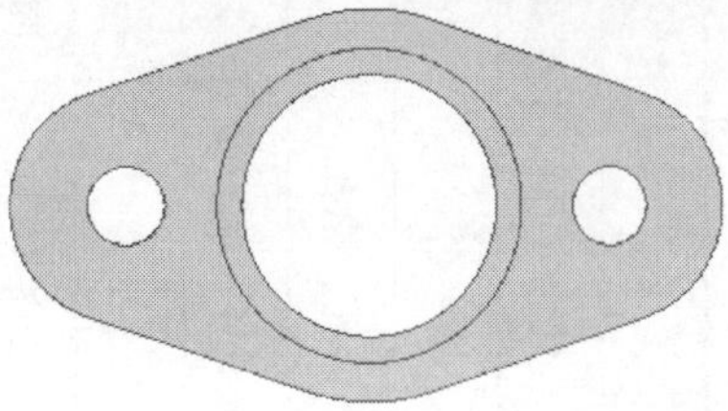
		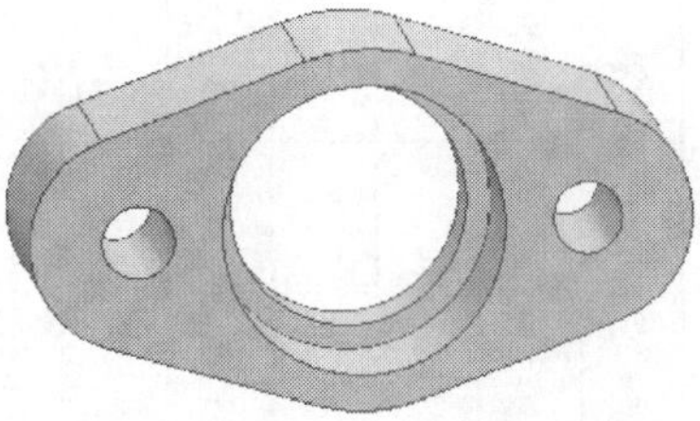

四、填写工序卡

填写支承板加工中钻孔、锪孔工序的工序卡。其他工序的工序卡可参照该工序卡制定。

支承板加工工序卡

丝杠加工工序卡	产品型号		零件图号			
	产品名称	丝杠	零件名称	丝杠	共　页	第　页

车间	工序号	工序名称	材料牌号
	3	钻孔、锪孔	45 钢
毛坯种类	毛坯外形尺寸	每毛坯可制件数	每台件数
设备名称	设备型号	设备编号	同时加工件数

夹具编号	夹具名称	切削液	
工位器具编号	工位器具名称	工序工时（分）	
		准终	单件

工步号	工步内容	工艺装备	主轴转速	切削速度	进给量	切削深度	进给次数	工步工时	
			r/min	m/min	mm/min	mm		机动	辅助

续表

工步号	工步内容	工艺装备	主轴转速	切削速度	进给量	切削深度	进给次数	工步工时	
			r/min	m/min	mm/min	mm		机动	辅助

设计（日期）	校对（日期）	审核（日期）	标准化（日期）	会签（日期）

学习活动2　支承板的加工

学习目标

1. 能正确、规范地装夹铣刀，并根据加工要求，运用适当对刀方法正确对刀。

2. 能正确选择粗、精基准，正确装夹、调整零件位置，满足加工要求。

3. 在支承板加工过程中，能严格按铣床操作规程操作铣床，按工步切削；根据切削状态调整切削用量，保证正常切削；适时检测，保证精度。

4. 能按车间规定整理现场，保养机床，填写保养记录。

5. 能按车间规定填写交接班记录。

建议学时　8学时

学习过程

一、填写领料单并领取材料

领　料　单

领料部门		产品名称及数量				
领料单号		零件名称及数量				
材料名称	材料规格及型号	单位	数量		单价	总价
			领	实发		
材料用途	材料仓库	主管	发料数量	领料部门	主管	领料数量

二、填写工量具清单并领取工量具

工量具清单

序号	工量具名称	规格	数量	需领用

三、进行加工

在实训场地按下面操作过程的提示，完成支承板的加工。

操作过程

操作步骤	操作要点
1. 加工前准备工作	按操作规程，加工零件前首先要检查各手柄的原始位置是否正常及各进给方向的停止挡铁是否在限位柱范围内，是否牢靠，然后完成机床润滑、预热等准备工作
2. 外形加工	根据毛坯尺寸，选择合适规格的端铣刀刀盘并安装在铣床主轴上，调整主轴转速至所选转速，进给量调至所选数值。检查工件毛坯，确定各平面的铣削深度。用平口钳装夹，完成各平面的铣削工作。去毛刺，测量工件，如不符合要求，须重新铣削，直至满足图样要求
3. 钻 ϕ18 mm、锪 ϕ22 mm 孔	（1）划出孔的中心线及检验线 （2）把选择好的钻头安装在铣床上，并调整铣床主轴转速、进给量等 （3）利用平口钳装夹工件，夹紧前应调整好工件安装位置，以钻头钻出工件时不钻伤平口钳导轨为宜，即工件底面距平口钳导轨 15～20 mm （4）调整好位置后钻孔，用游标卡尺测量孔径及孔的坐标尺寸，应达到图样要求；换装锪孔钻且重新调整切削用量对工件进行锪孔加工，用游标卡尺测量孔径，达到图样要求后，卸下工件，去除毛刺

续表

操作步骤	操作要点
4. 钻 $\phi7$ mm、锪 $\phi9$ mm 孔	（1）划出孔的中心线及检验线 （2）把选择好的钻头安装在铣床上，并调整铣床主轴转速、进给量等 （3）利用平口钳装夹工件，夹紧前应调整好工件安装位置，以钻头钻出工件时不钻伤平口钳导轨为宜，即工件底面距平口钳导轨 15 ~ 20 mm （4）调整好位置后钻孔，用游标卡尺测量孔径及孔的坐标尺寸，应达到图样要求；换装锪孔钻且重新调整切削用量对工件进行锪孔加工，用游标卡尺测量孔径，达到图样要求。用同样的加工方法钻、锪与此孔中心距为（32 ± 0.05）mm 的另一个孔，达到图样要求后，卸下工件，去除毛刺
5. 铣削菱形	（1）划出曲面的中心线及轮廓线，连接两个圆弧的切点即为斜面的尺寸线 （2）把选择好的铣刀安装在铣床上，并调整铣床主轴转速、进给量等 （3）采用倾斜工件法，利用平口钳装夹并校正工件上的菱形直线与工作台面平行，校正后并紧固 （4）启动机床调整各进给方向，使工件处于铣刀的下方，对刀调整切削深度，按照划的线铣出第一个平面，然后工件转 180°铣削对面，按划线加工即可，测量，去毛刺。用同样的方法铣出另外两个斜面，然后进行测量，去毛刺，卸下工件
6. 铣削曲面	（1）把选择好的立铣刀安装在铣床上 （2）利用压板和螺栓，把工件固定在回转工作台上，用心轴定位使 $\phi18$ mm 的定位孔与回转工作台同轴 （3）铣削 $R15$ mm 凸圆弧。调整工作台，校正铣刀轴线与回转工作台重合，纵向移动 $A = 15\ \text{mm} + r$，r 为铣刀半径。找正直线部分与 $R15$ mm 凸圆弧的切点并切入，转动回转工作台进给铣至 $R15$ mm 凸圆弧与菱形直线的切点切出，达到图样要求。用同样的方法铣削另一 $R15$ mm 凸圆弧。然后铣削 $R8$ mm 圆弧。利用压板和螺栓，把工件固定在回转工作台上，用划针校正 $R8$ mm 圆弧的轴心与回转工作台同轴。调整工作台，校正铣刀轴线与回转工作台重合，纵向移动 $A = 8\ \text{mm} + r$，r 为铣刀半径。找正直线部分与 $R8$ mm 凸圆弧的切点并切入，转动回转工作台进给铣至 $R8$ mm 凸圆弧与菱形直线切点切出，达到图样要求。用同样的方法铣出另一个 $R8$ mm 圆弧，然后进行测量，合格后，去毛刺，卸下工件
7. 加工后整理工作	加工完毕后，按图样要求进行自检，正确放置零件，并进行产品交接确认；按国家环保相关规定和车间要求整理现场，正确处置废油液等废弃物；按车间规定填写交接班记录（见附表 1）和设备日常保养记录卡（见附表 2）

四、评价

按以下内容对活动完成情况进行评价。

项目	内容	完成情况
设备及工量刃具的使用维护	正确进行铣床的操作	
	正确进行铣床的润滑	
	工量刃具的合理使用与保养	
安全文明生产	正确执行安全技术操作规程	
	正确穿戴工作服	

学习活动3　支承板的测量及误差分析

学习目标

1. 能利用量具完成支承板各要素的测量。

2. 能根据支承板的测量结果，分析误差产生的原因。

3. 能正确、规范地使用工量具，并对其进行合理保养和维护。

建议学时　1学时

学习过程

一、测量工件

对工件进行测量，并将结果填写在测量结果记录表中。

测量结果记录表

序号	测量内容	测量项目	测量结果	结论
1	尺寸	$\phi22$ mm		
		$\phi18$ mm		
		$5^{+0.10}_{0}$ mm		
		$\phi7$ mm		
		$\phi9$ mm		
		6 mm		
		（32 ± 0.05）mm		
		$15^{0}_{-0.05}$ mm		
		$2\times R8$ mm		
		$2\times R15$ mm		

续表

序号	测量内容	测量项目	测量结果	结论
2	几何公差	// 0.05 A		
3	表面粗糙度	*Ra*3.2 μm		
支承板测量结论				

二、误差分析

根据测量结果进行误差分析，将分析结果填写在误差分析表中。

误差分析表

测量内容		零件名称	
测量工具和仪器		测量人员	
班级		日期	

一、测量目的：

二、测量步骤：

三、测量要领：

四、结论（误差分析）：

质量问题	产生原因	修正措施
尺寸误差		
几何公差误差		
表面粗糙度误差		
其他误差		

学习活动4　总 结 评 价

学习目标

1. 能结合自身任务完成情况，正确、规范地撰写工作总结（心得体会）。

2. 能按分组情况，分别派代表展示工作成果，说明本次任务的完成情况，并作分析总结。

3. 能就本次任务中出现的问题提出改进措施。

4. 能对学习与工作进行反思总结，并能与他人开展良好合作，进行有效的沟通。

建议学时　1学时

学习过程

一、个人、小组评价

把个人制作好的支承板先进行分组展示，再由小组推荐代表作必要的介绍。在展示的过程中，以小组为单位进行评价；评价完成后，根据其他小组成员对本组展示成果的评价意见进行归纳总结。完成如下项目：

（1）展示的支承板符合技术标准吗？

合格□　　不良□　　返修□　　报废□

（2）与其他小组相比，你认为本小组的支承板工艺：

工艺优化□　　工艺合理□　　工艺一般□

（3）本小组介绍成果表达是否清晰？

很好□　　一般，常补充□　　不清晰□

(4) 本小组演示支承板测量方法操作正确吗?

正确□ 部分正确□ 不正确□

(5) 本小组演示操作时遵循了“6S”的工作要求吗?

符合工作要求□ 忽略了部分要求□ 完全没有遵循□

(6) 本小组成员的团队创新精神如何?

良好□ 一般□ 不足□

工作总结(心得体会)

二、教师评价

教师对展示的作品分别作评价。

(1) 找出各组的优点进行点评。

(2) 对展示过程中各组的缺点进行点评,提出改进方法。

(3) 对整个任务完成中出现的亮点和不足进行点评。

学习任务八评价表

班级：________ 姓名：________ 学号：______

项目	自我评价			小组评价			教师评价		
	10～9	8～6	5～1	10～9	8～6	5～1	10～9	8～6	5～1
	占总评 10%			占总评 30%			占总评 60%		
学习活动 1									
学习活动 2									
学习活动 3									
学习活动 4									
协作精神									
纪律观念									
表达能力									
分析能力									
工作态度									
任务总体表现									
小计									
总评									

任课教师：______ 年 月 日

学习任务九　平口钳的装配

学习目标

1. 能识读平口钳的装配图，明确装配技术要求。

2. 能确定平口钳的装配工艺和装配方法。

3. 能制定平口钳的工艺流程及装配步骤。

4. 能正确、规范地选用工量具，并根据装配要求，运用适当修配工具正确组装平口钳。

5. 在平口钳的装配过程中，能严格按钳工操作规程操作钻床和使用工具，按工序进行修配；根据工件特征正确选用修配工具，保证正常装配；适时检测，保证精度。

6. 能按车间规定整理现场，保养机床，填写保养记录。

7. 能按车间规定填写交接班记录。

8. 能利用量具和仪器完成平口钳各装配要素的检测。

9. 能根据平口钳装配的检测结果，对平口钳进行调试，达到图样要求。

10. 能正确、规范地使用工量具，并对其进行合理保养和维护。

11. 能结合自身任务完成情况，正确、规范地撰写工作总结（心得体会）。

12. 能对学习与工作进行反思总结，并能与他人开展良好合作，进行有效的沟通。

建议学时

36 学时

工作情境描述

在前面 8 个学习任务的基础上完成平口钳的装配，数量为 30 件，工期为 6 天。

工作流程与活动

1. 制定平口钳的装配工艺
2. 平口钳的装配
3. 平口钳装配的检测与调试
4. 总结评价

学习活动1　制定平口钳的装配工艺

学习目标

1. 能识读平口钳的装配图，明确装配技术要求。
2. 能确定平口钳的装配工艺和装配方法。
3. 能制定平口钳的工艺流程及装配步骤。

建议学时　10 学时

学习过程

一、识读装配图

平口钳的装配图见学习任务一的学习活动 1。

二、选择装配工艺和装配方法

根据规定的技术要求，将零件或部件进行配合和连接，使之成为半成品或成品的过程，称为装配。机器的装配是机器制造过程中的最后一个环节，它包括装配、调整、检验和试验等工作。装配过程使零件、套件、组件和部件间获得一定的相互位置关系，所以装配过程也是一种工艺过程。

1. 常用的装配工艺有清洗、平衡、刮削、螺纹连接、过盈配合连接、胶接、校正等。此外，还可应用其他装配工艺，如焊接、铆接、滚边、压圈和浇铸连接等，以满足各种不同产品结构的需要。查阅资料，写出下表中各装配工艺的含义。

装配工艺	含义
清洗	
平衡	
刮削	

续表

装配工艺	含义
螺纹连接	
过盈配合连接	
胶接	
校正	

2. 本任务平口钳的装配，应选用以上哪几种装配工艺？

3. 根据产品的装配要求和生产批量，零件的装配有修配法、调整法、互换法和选配法4种配合方法。查阅资料，写出这4种配合方法的定义、特点及应用场合。

装配方法	定义	特点	应用场合
修配法			
调整法			
互换法			
选配法			

4. 本任务平口钳的装配，应选用以上哪种装配方法？

5. 为保证有效地进行装配工作，通常将机器划分为若干能进行独立装配的装配单元。

（1）零件：是组成机器的最小单元，由整块金属或其他材料制成。请写出本任务的零件名称。

（2）套件（合件）：是在一个基准零件上，装上一个或若干个零件构成，是最小的装配单元。请写出本任务的最小装配单元。

（3）组件：是在一个基准零件上，装上若干套件及零件构成。请写出本任务中的组件。

（4）部件：是在一个基准零件上，装上若干组件、套件和零件构成。部件的特征是在机器中能完成一定的、完整的功能。请写出本任务中的部件。

三、制定装配工艺流程

下图所示是产品装配工艺流程图。

产品装配工艺流程图

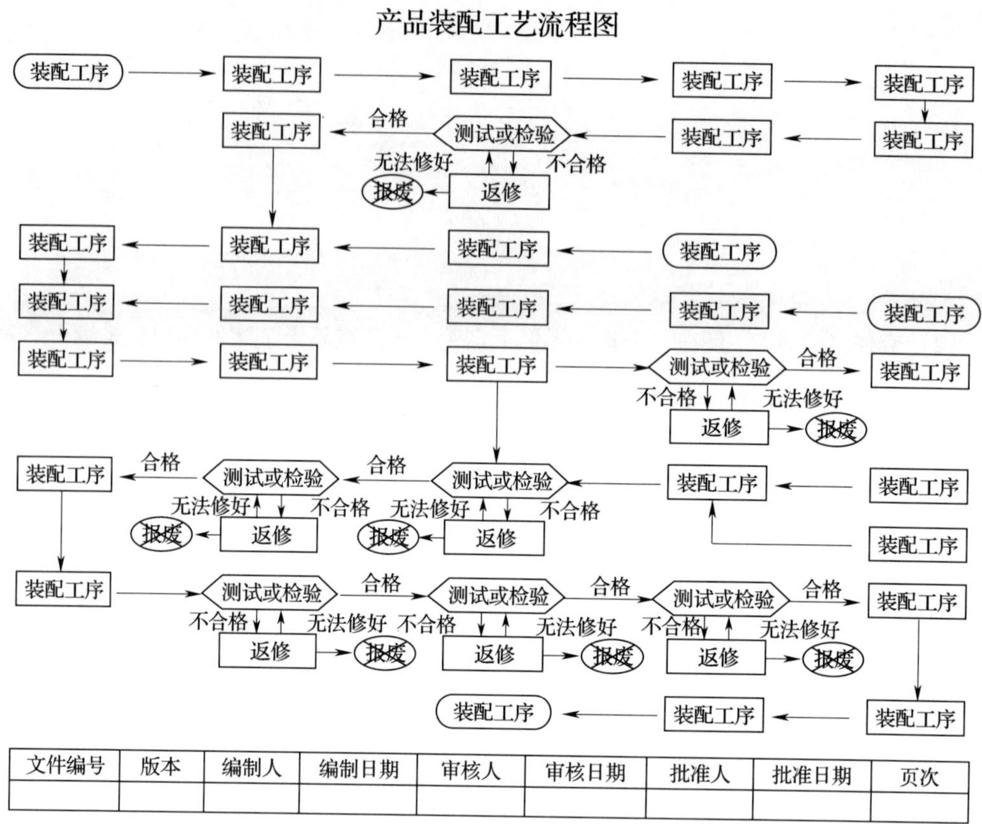

文件编号	版本	编制人	编制日期	审核人	审核日期	批准人	批准日期	页次

1．参照产品装配工艺流程图，绘制本次平口钳的装配工艺流程图。

2. 在产品装配工艺流程图中，经常出现测试或检验的环节，其目的是什么?

四、制定装配步骤

（一）固定钳口与固定钳口铁的装配步骤

写出固定钳口与固定钳口铁的装配步骤及调整、检测方法。

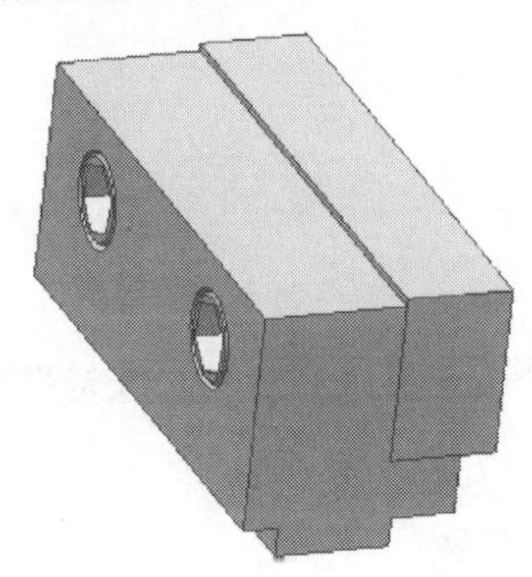

（二）固定钳口、固定钳口铁与钳体的装配步骤

1. 固定钳口上的两个过孔需通过标准螺钉与钳体连接，在配作时首先通过螺杆把固定钳口安装到钳体上，并划出固定钳口上两个螺纹孔的位置线。写出钻孔的切削用量并制定钻孔的操作步骤。

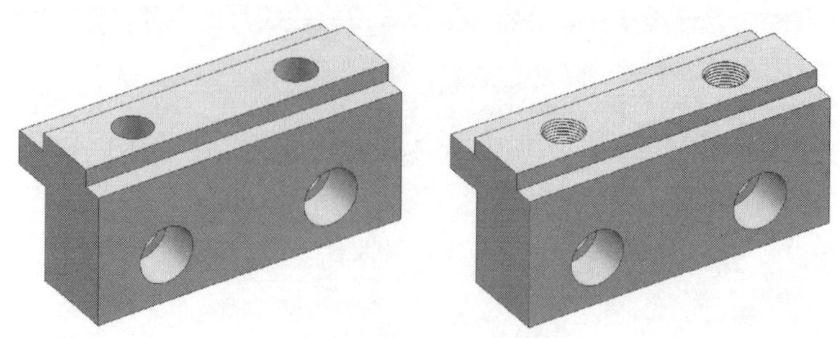

2. 写出固定钳口、固定钳口铁与钳体的装配步骤及调整、检测方法。

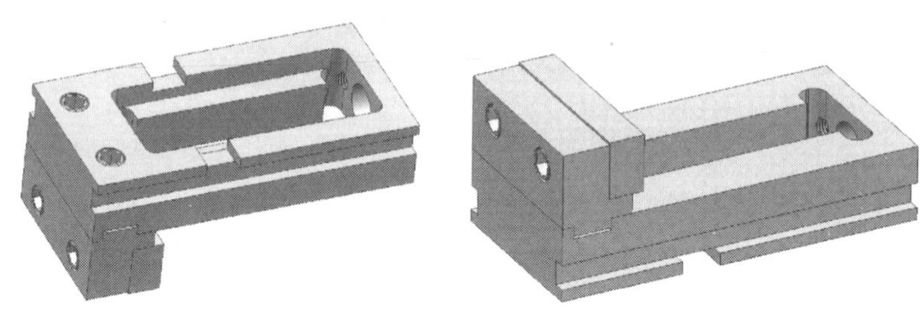

（三）丝杠、螺母、支承板与钳体的装配步骤

1. 写出丝杠、螺母与钳体的装配步骤及调整、检测方法。

2. 支承板、丝杠、螺母与钳体的装配

（1）支承板上的两个过孔需通过标准螺钉与钳体连接，在配作时首先通过螺杆把支承板安装到钳体上，并划出钳体上两个螺纹孔的位置线。写出钻孔的切削用量并制定钻孔的操作步骤。

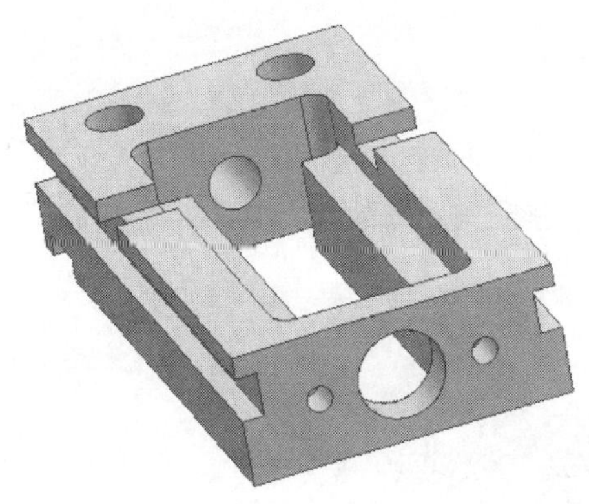

（2）写出攻螺纹的操作步骤。

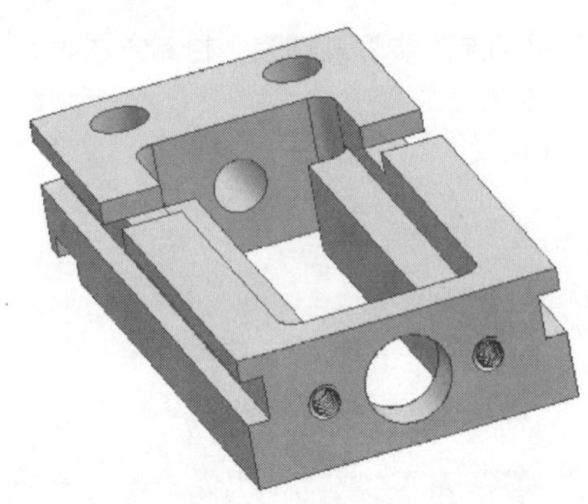

3．写出支承板、丝杠、螺母与钳体的装配步骤及调整、检测方法。

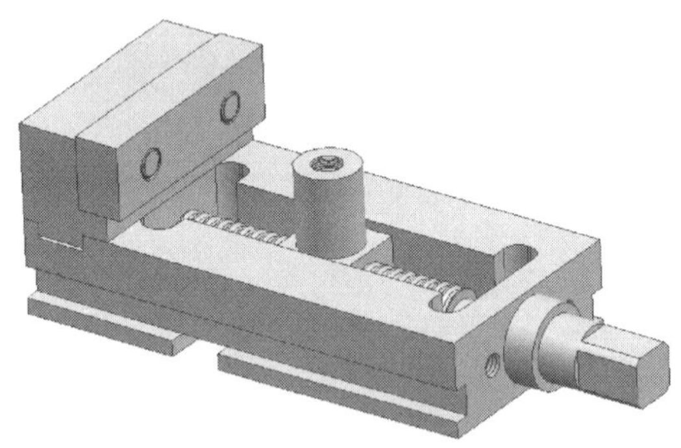

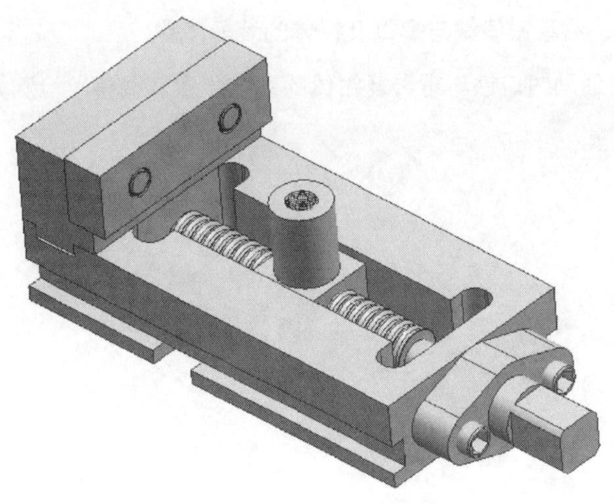

(四) 活动钳身与活动钳口铁的装配步骤

写出活动钳身与活动钳口铁的装配步骤及调整、检测方法。

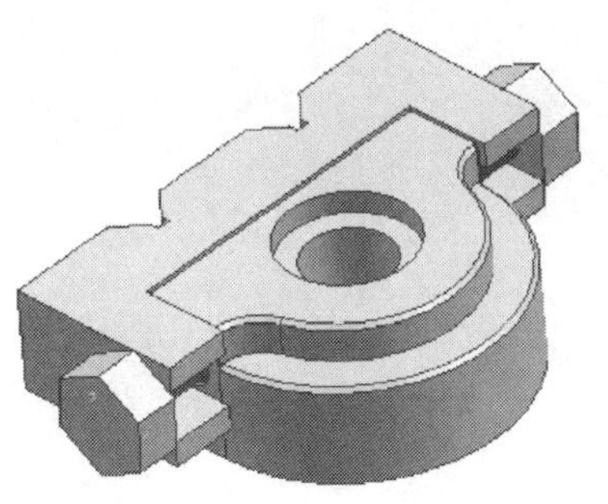

（五）活动钳身、活动钳口铁与螺母及钳体的装配步骤

写出活动钳身、活动钳口铁与螺母及钳体的装配步骤及调整、检测方法。

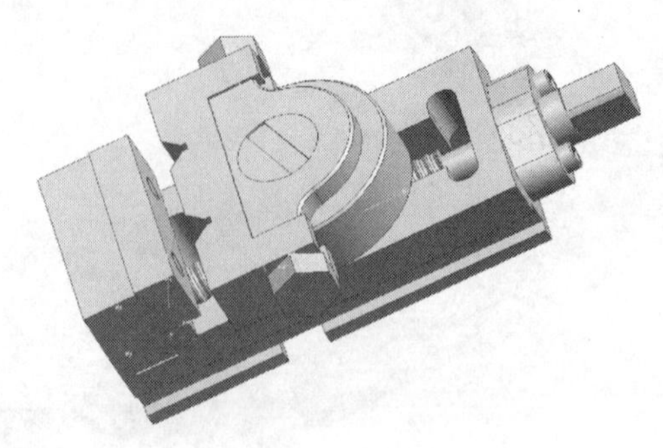

（六）平口钳的综合调试及检测步骤

按照图样中的技术要求，写出平口钳的综合调试及检测步骤。

学习活动2　平口钳的装配

学习目标

1．能正确、规范地选用工量具，并根据装配要求，运用适当修配工具正确组装平口钳。

2．在平口钳的装配过程中，能严格按钳工操作规程操作钻床和使用工具，按工序进行修配；根据工件特征正确选用修配工具，保证正常装配；适时检测，保证精度。

3．能按车间规定整理现场，保养机床，填写保养记录。

4．能按车间规定填写交接班记录。

建议学时　22学时

学习过程

一、填写工量具清单并领取工量具

工量具清单

序号	工量具名称	规格	数量	需领用

续表

序号	工量具名称	规格	数量	需领用

二、进行装配

在实训场地按下面操作过程的提示，完成平口钳的装配。

操作过程

操作步骤	操作要点
1. 装配前的准备工作	（1）资料准备：包括平口钳的总装配图、部件装配图、零件图、物料 BOM 表等，直至项目结束，必须保证图样的完整性、整洁性、过程信息记录的完整性 （2）装配车间：零件摆放、部件装配必须在规定作业场所内进行，装配的场地必须规划清晰，所有作业场所必须保持整齐、规范、有序 （3）平口钳零件及标准件：按照装配流程规定，装配前平口钳零件及标准件必须按时到位 （4）装配前应了解平口钳的结构、装配技术和工艺要求
2. 固定钳口与固定钳口铁的装配	首先选择好标准螺钉，将固定钳口与固定钳口铁连接在一起，连接后检查固定钳口铁的基准面是否与固定钳口完全贴合，如没有完全贴合应用锉刀或刮刀及时修正固定钳口或固定钳口铁配合面，采用千分尺测量尺寸误差，检测平行度，直至最终满足图样装配要求 注意事项：采用锉刀或刮刀修正配合面时，要注意不能有塌角、塌边现象。内90°处需要清角，当清角不好实现时，可将与其配合的外90°处倒角

续表

操作步骤	操作要点
3. 固定钳口、固定钳口铁与钳体的装配	（1）将固定钳口装入钳体左端的直角沟槽中，划出固定钳口上两个螺纹孔的位置线，将固定钳口装夹在平口钳上，启动钻床对刀、试切、调整工件位置，孔径及孔的坐标尺寸检测正确后，进行钻孔（可用钳体配作） （2）换装倒角刀将螺纹孔孔口倒角，利用手动加工方法攻螺纹，攻螺纹时应注意丝锥轴线与孔的轴线重合，攻螺纹过程中应经常退刀，并加注润滑液，攻完螺纹后，丝锥反向退出工件，卸下工件，去除毛刺 （3）重新将固定钳口装入钳体，用标准螺钉将固定钳口与钳体连接在一起，连接后检查固定钳口的基准面是否与钳体完全贴合，如没有完全贴合应用锉刀或刮刀及时修正固定钳口或钳体配合面，采用 0 级直角尺与塞尺配合检测垂直度，最终满足图样装配要求，即固定钳口安装后钳口铁与钳体的垂直度≤0.05 mm，允许小于 90°
4. 丝杠、螺母、支承板与钳体的装配	（1）将螺母装入钳体导槽中，从钳体左端孔中穿入丝杠并拧入螺母的螺纹孔中，套上支承板，调整丝杠位置，在丝杠转动灵活、无阻滞现象时确定支承板螺孔位置 （2）卸下丝杠、螺母及支承板，将钳体装夹在平口钳上，启动钻床对刀、试切、调整工件位置，孔径及孔的坐标尺寸检测正确后，进行钻孔（可用支承板配作） （3）换装倒角刀将螺纹孔孔口倒角，利用手动加工方法攻螺纹，攻螺纹时应注意丝锥轴线与孔的轴线重合，攻螺纹过程中应经常退刀，并加注润滑液，攻完螺纹后，丝锥反向退出工件，卸下工件，去除毛刺 （4）重新将丝杠、螺母、支承板装入钳体，用标准螺钉将支承板与钳体连接在一起，利用支承板螺纹过孔的间隙调整丝杠位置，直至丝杠转动灵活，无阻滞现象为止
5. 活动钳身与活动钳口铁的装配	选择好标准螺钉，将活动钳口与活动钳口铁连接在一起，连接后检查活动钳口铁的基准面是否与活动钳口完全贴合，如没有完全贴合应用锉刀或刮刀及时修正活动钳口或活动钳口铁配合面，采用千分尺测量尺寸误差检测平行度，最终满足图样装配要求

续表

操作步骤	操作要点
6. 活动钳身、活动钳口铁与螺母的装配	将活动钳身套在螺母上面的圆柱上，装入垫片，拧入标准螺钉，调整螺钉的松紧程度，直至转动丝杠能带动活动钳体轻松移动，并无阻滞现象为止；采用0级直角尺与塞尺配合检测垂直度，应达到图样要求，即活动钳口铁与固定钳身的垂直度≤0.05 mm，允许小于90°
7. 装配后整理工作	装配完毕后，按图样要求进行自检，正确放置零件，并进行产品交接确认；按国家环保相关规定和车间要求整理现场，正确处置废油液等废弃物；按车间规定填写交接班记录（见附表1）和设备日常保养记录卡（见附表2）

学习活动3 平口钳装配的检测与调试

学习目标

1. 能利用量具和仪器完成平口钳各装配要素的检测。

2. 能根据平口钳装配的检测结果，对平口钳进行调试，达到图样要求。

3. 能正确、规范地使用工量具，并对其进行合理保养和维护。

建议学时 2学时

学习过程

一、检测

对装配完成的平口钳进行检测，并将结果填写在检测结果记录表中。

检测结果记录表

序号	检测和调试内容	项目	结果	结论
1	组装后的平口钳固定钳口与钳体的垂直度	≤0.05 mm		
2	组装后的平口钳钳体与活动钳身的移动间隙	≤0.06 mm		
3	组装后的平口钳在夹紧工件时，活动钳身上翘间隙（与钳体）	≤0.10 mm		
平口钳检测结论				

二、调试

根据检测结果对装配的平口钳进行调试，将结果填写在调试记录表中。

调试记录表

部件名称		调试内容	
调试工具和仪器		调试人员	
班级		日期	

一、调试目的：

二、调试步骤：

三、调试要领：

四、修正措施：

学习活动4　总 结 评 价

学习目标

1. 能结合自身任务完成情况，正确、规范地撰写工作总结（心得体会）。

2. 能按分组情况，分别派代表展示工作成果，说明本次任务的完成情况，并作分析总结。

3. 能就本次任务中出现的问题提出改进措施。

4. 能对学习与工作进行反思总结，并能与他人开展良好合作，进行有效的沟通。

建议学时　2 学时

学习过程

一、个人、小组评价

把装配好的平口钳先进行分组展示，再由小组推荐代表作必要的介绍。在展示的过程中，以小组为单位进行评价；评价完成后，根据其他小组成员对本组展示成果的评价意见进行归纳总结。完成如下项目：

（1）装配好的平口钳符合图样技术要求吗？

符合技术要求□　　忽略了部分技术要求□　　完全没有遵循□

（2）与其他小组相比，你认为本小组制定的平口钳装配工艺：

工艺优化□　　工艺合理□　　工艺一般□

（3）本小组介绍成果表达是否清晰？

很好□　　一般，常补充□　　不清晰□

（4）本小组演示平口钳的检测和调试方法操作正确吗？

正确□　　部分正确□　　不正确□

（5）本小组演示操作时遵循了“6S”的工作要求吗？

符合工作要求□　　忽略了部分要求□　　完全没有遵循□

（6）本小组成员的团队创新精神如何？

良好□　　一般□　　不足□

工作总结（心得体会）

二、教师评价

教师对展示的作品分别作评价。

（1）找出各组的优点进行点评。

（2）对展示过程中各组的缺点进行点评，提出改进方法。

（3）对整个任务完成中出现的亮点和不足进行点评。

学习任务九评价表

班级：__________　　姓名：__________　　学号：________

项目	自我评价			小组评价			教师评价		
	10 ~ 9	8 ~ 6	5 ~ 1	10 ~ 9	8 ~ 6	5 ~ 1	10 ~ 9	8 ~ 6	5 ~ 1
	占总评 10%			占总评 30%			占总评 60%		
学习活动 1									
学习活动 2									
学习活动 3									
学习活动 4									
协作精神									
纪律观念									
表达能力									
分析能力									
工作态度									
任务总体表现									
小计									
总评									

任课教师：________　　年　　月　　日

附　录

附表1

交接班记录

设备名称：　　　　设备编号：　　　　使用班组：

项目	交接机床	交接工、量、刃具			交接图样	交接材料	交接成品件	交接半成品件	工艺技术交流
数量、使用情况（交班人填）									
交班人									
接班人									
日期									

附表 2

设备日常保养记录卡

设备名称：　　　　设备编号：　　　　使用部门：　　　　保养年月：　　　　存档编码：

日期 保养内容	1	2	3	4	5	6	7	8	9	10	11	12	13	14	15	16	17	18	19	20	21	22	23	24	25	26	27	28	29	30	31
环境卫生																															
机身整洁																															
加油润滑																															
工具整齐																															
电器损坏																															
机械损坏																															
保养人																															
机械异常备注																															

审核人：　　　　　　　　　　　　　　　　年　　月　　日

注：保养后，用“√”表示日保；“△”表示周保；“○”表示月保；“Y”表示一级保养；“×”表示有损坏或异常现象用，应在“机械异常备注”栏给予记录。